JN012794

Mail order & Direct sales Business
of food company

地方・中小が
圧倒的に有利!

食品企業の
成功する
通販・直販
ビジネス

トゥルーコンサルティング株式会社 著

同文舘出版

はじめに

　日本の一次産業・製造業、特に食品業界は、まだまだ成長する大きな可能性を持っています。

　私が食品マーケットに関わってから20年以上、日本全国はもちろん、海外の食品マーケットもたくさん見てきましたが、その結論として、「日本の地方食品メーカー・生産者は、もっと成長できるし、利益を出すことができる」と確信しています。

　しかし、残念なことに、自社の潜在的な能力や技術を把握できずに、1970年代を中心とした過去の成功モデルを引きずっている企業を多く見かけます。

　その主なモデルは、当時伸びていた総合スーパーといわれるセルフ型小売業へ卸を通して大量販売していくというパターンでした。しかし、それからおよそ50年が経った今、スーパーは利益の出ない業態へと衰退し、新しい業態であったコンビニも、誰もが憧れていた百貨店も、すべてが右肩下がりの状況です。

　それにもかかわらず、食品メーカー・生産者は、これまでのモデルを継続しているだけなのです。

　「卸を通して、小売業に売ってもらう」というモデルのすべてがダメとはいいません。しかし、今、変わっていく必要があることは事実です。

　変わるということは、売る商品も、販売先も、ビジネスモデルも変える必要があるということです。

それは、卸を通して販売していくというモデルから、メーカーが直接消費者に販売をしていくという「D to C（Direct to Consumer）モデル＝通販・直販モデル」への転換です。

「直販」とは、卸を通さず、個人または法人に直接商品を販売し、代金を回収するということ。
　直販の経路（チャネル）はいろいろありますが、地方食品メーカー・生産者に相性がよいのは、ネットやカタログで売る「通販」です。なぜなら、初期コストも抑えられて、かつ、地方であることのメリットがあり、その上、高利益になりやすく、現在市場が伸びているモデルだからです。

　人口減少や高齢化により、ビジネスが縮小している地方の企業だからこそ、大手企業や都市部の企業にはできない商品開発や売り方があります。
　本書では、地方食品メーカー・生産者に相性のよい通販モデルに特化し、いかにして通販・直販事業をはじめるか、可能な限りリスクを低く、独自ポジションを確保し、事業を拡大していくのかを、実証済みの事例と共に解説していきます。

　ゴールは、通販・直販で「無理なく売上1億円以上」です。高収益のビジネスパターンで、企業全体として通販・直販比率50％を目指していきましょう。

目次

5章 お客様にファンになってもらうための 対応力と関係性づくり

6章 小口法人通販で新規取引先を増やそう！ B to B 通販の成功モデル

7章 目指すは直販比率50%以上！通販・直販は、地方食品メーカー・生産者の希望と未来になる

おわりに

カバーデザイン	荒井雅美（トモエキコウ）
本文デザイン	八木麻祐子（Isshiki）
DTP	Isshiki

1章

「地方」「中小」「食」
というキーワードが
通販・直販で有利に働く理由

都市にある大企業より、地方の中小企業が評価される数少ないマーケット「通販・直販モデル」

「地方」「小規模」「専門的な食品しか扱っていない」——通常、市場で戦うにはデメリットと感じるこの条件が、通販・直販ビジネスではすべて有利に働きます。しかし、有利な条件を活かしきれない企業が多いのです。なぜでしょうか？　その理由を見てみましょう。

　地域人口減少、高齢化による食品消費量の減少、取引先の事業縮小など、地方の中小食品企業にとって厳しい状態は長く続いています。地域スーパーの棚も、大手企業の安い商品に奪われるか、さらには、小売店自体が自社プライベートブランド（自社ＰＢ）をつくり、中小メーカーの商品スペースを追い出している状況もあります。そんな状況の中、こんな嘆きが聞こえてきます。

「ジワジワ売上が減っている……。このままでは、ジリ貧だ……。だけど、打つ手がない」
「工場稼働率のために、生産してしまったものは儲からなくてもいいから、どこかで売らなければならない……」

なぜ、こんな状態に陥ってしまうのでしょうか。それは実は、景気など世の中のせいではありません。経営者自身の勘違い、市場の変化を知らず知らずに拒否していることが、このような事態を引き起こしているのです。

▎大手と同じことをすることが間違い

　大きなマーケットで幅広い客層を対象としているスーパー。そこでは、売れる商品を扱っている（バイヤーが仕入れている）、"規模の利益"が出せる（大量に出荷できる）、安価で売れる、営業力が優れている。

　これらの特徴を持つ大手企業の商品に、中小企業の商品ははっきりいって勝てるわけがありません。スーパー自体の景気がよかった1980年までは売上も順調だったかもしれませんが、それ以降は厳しい戦いが続いているのが現実ではないでしょうか。

「しかし、それに代わる根本的な解決策が見当たらない……」

　そう悩んでいる経営者の皆さん、ご安心ください。

　本書で紹介するビジネスモデルは、地方の小さな食品メーカー・生産者が、小さなチャレンジを積み重ね、自社の強みを活かした商品開発を行ない、卸を中心とした形態から直接販売へ切り替え、高い収益性と安定したビジネスへと展開していった実証済みの方法です。

　今、世の中の流れは、地方メーカー・生産者に有利な市場環境になってきています。

このビジネスモデルの対象企業は、

・年商1億〜10億円
・地方に拠点がある
・ひとつの食品を商品として地道につくり上げてきた

これらに当てはまる食品メーカー・生産者です。

大手企業、主要都市にある企業、たくさんの種類の商品を扱っている企業にはできないビジネスモデルを解説していきます。

時代と共に、人も経済も、売れ筋も、売れる場所（チャネル）も変動します。

当たり前のことですが、**50年近く前から続いている食品ビジネスの成功モデルが今も通用するわけがありません。**その古い考え・売り方から変化することが求められているのです。

下記の比較表のように、現在のマーケット（消費者）の要望に合い、自社の強みを活かしていけるのは、通販・直販へのモデル展開

◆通販・直販モデルの大きな可能性

	今までのビジネスモデル	通販・直販を中心とした ビジネスモデル
規模	全国の総合スーパーを主な販路とするのでかなり大きい	百貨店の市場規模10億円を上回る規模になっている
成長性	減少	10%以上
地域特性	活かせない	強みにできる
利益率	0〜3%	10〜20%

なのです。事実、すでに百貨店の市場規模を超えるボリュームになっています。近年、すでにアメリカには小さなメーカーが直接消費者とつながりを強化して、大きく成長しているＤ to Ｃモデルがあり、日本にも同様の傾向が表われてきています。

食品関連のＥＣ市場はこれから、もっともっと伸びる！

　次ページの表をご覧ください。物販分野のＥＣ（ネットショッピング）規模とＥＣ化率の表です。ＥＣ化率とは、すべての取引のうち（総売上）、ネット販売の売上が占める割合のことです。

　食品カテゴリーが、アパレルや電化製品に比べ、総売上におけるネット販売の率が低いことがわかります。しかし、だからこそネットショッピングの今後の伸び率は高まると予測されています。

　現に、**今まで通販やネットショッピングで売れにくかった食品群も売れるようになってきています**。冷凍技術や配送品質の向上もあり、生鮮食品や肉、パンなども気軽に購入されているのです。

　また、国内への販売はもとより、**海外への通販・直販も実は巨大なマーケットへ成長しています**。数年前は、菓子・スイーツやフルーツが主でしたが、現在は、ジュース、調味料、水産加工品なども加わり、増えてきています。さらに国が、1兆円規模まで海外食品輸出を拡大しようと後押しする動きも出てきています。

　経営者の重要な決断要素として、伸びているマーケットへのチャレンジが必須となっている今、通販・直販ビジネスしかありません。

食品の通販・ＥＣ市場でも大きな規模を占める「**お取り寄せ**」というマーケットは、基本、「**地方からのお取り寄せ**」なのです。

すでに地方に企業が存在するだけで、有利な立場にあるというのは事実なのです。

◆物販系ECの市場規模

	2015 年		2016 年		2017 年		2018 年		前年比・伸び率
	EC 市場規模（億円）	EC 化率	EC 市場規模（億円）	EC 化率	EC 市場規模（億円）	EC 化率	EC 市場規模（億円）	EC 化率	
衣類、服装雑貨等	13,839	9.04%	15,297	10.93%	16,454	11.54%	17,728	12.96%	7.74%
食品、飲料、酒類	**13,162**	**2.03%**	**14,503**	**2.25%**	**15,579**	**2.41%**	**16,919**	**2.64%**	**8.60%**
生活家電、AV 機器、PC・周辺機器等	13,103	28.34%	14,278	29.93%	15,332	30.18%	16,467	32.28%	7.40%
生活雑貨、家具、インテリア	12,120	16.74%	13,500	18.66%	14,817	20.40%	16,083	22.51%	8.54%
書籍、映像、音楽ソフト	9,544	21.79%	10,690	24.50%	11,136	26.35%	12,070	30.80%	8.39%
化粧品、医薬品	4,699	4.48%	5,268	5.02%	5,670	5.27%	6,136	5.80%	8.22%
自動車、自動二輪車、パーツ等	1,874	2.51%	2,041	2.77%	2,192	3.02%	2,348	2.76%	7.11%

経済産業省
商務情報政策局

EC市場規模は大きいが、EC化率が他のカテゴリーに比べて極端に低い。
今後、10％を超えていくと予想されている。

9割もの企業が
うまくいっていない
食品通販ビジネスの悲劇

しかし、伸びているマーケットにおいても9割の食品ショッピングサイトが儲からず、うまくいっていない状況があります。本項では「なぜ、うまくいっていないのか？」を、ライフサイクル、ECマーケットの特徴などからわかりやすく解説します。中小企業が勝つためには、大手企業が狙わない、狙うことのできない「小さなマーケット＝ニッチマーケット」で自社の強みを活かしていく必要があるのです。

「数年前に試したけど、ぜんぜん売れなかった……」
「今でもやっているけど、売上は上がらないね」
「安売りすれば、なんとか売れる」

　通販・直販は、かなり以前からあるビジネスモデルです。おそらく、読者の皆さんの中にもすでに実施されている方も多いと思います。

　しかし、ある大手ネットショッピングモールに出店している9割の企業が利益を取れておらず、月商が1,000万円以上ある企業はわずか数パーセントという結果も出ています。**利益が取れない上に、小さく展開していても、事業全体によい影響を及ぼす販路とはなりません。**そのような現状があり、多くの企業から前述のようなセリフが出てくるのです。

地方の食品メーカー・生産者の強みを活かせるはずの通販・直販ビジネスモデルが、なぜ思い通りにならないのでしょうか。その主な理由は3つあります。

---

❶ 経営者、責任者が通販・直販ビジネスを知らなすぎる

❷ 今ある既存商品で売れると思ってしまっている

❸ 自社に合わない、売れない通販チャネルで販売している

　中でも**最大の理由は、社長や幹部に通販・直販ビジネスについての知識がないことです。**これは、笑いごとではなく、成功しない原因の99％といっても過言ではありません。

　残念ながら、「社長や上司が通販ビジネスについて無理難題をいいはじめて、半年後に担当者が辞める」という事態はとても多く起こっているのです。

その他の失敗の要因も多岐にわたるが、一番は経営者の問題

　このほかにも、通販・直販ビジネスが失敗してしまう要因には、次のようなものがあります。

・経営者、決裁権者が通販やネットで買い物をしたことがない

・人員体制を変えなくても、なんとか通販事業を立ち上げられると思っている

・「まずは兼任で」と、担当者を専任にしない

・初期に必要な費用、運営に必要な最低費用を理解していない

- とりあえず、ネットに商品を載せればいいと思っている
- 卸先との兼ね合いばかりを気にしてなかなか進まない
- 自社商品の適正な評価ができていない

　通販市場は伸びているマーケットですが、失敗することが多いのも事実です。しかし、社長、幹部、責任者が展開方法やルールを把握して、事業展開することにより大手企業よりも優位に進めることができるのです。

　逆にいえば、社長や幹部が通販ビジネスを理解し、経験し、企業として大切な部門と位置づけ、予算と体制を構築できれば、ほぼ成功したといえるでしょう。

失敗の理由①
社長、上司が通販・直販
ビジネスを知らなすぎる
── 人員体制と投資予算のつけ方 ──

売上が伸びやすいマーケットではあるものの、中小食品メーカー・生産者の場合、そもそも経営幹部が重要なポイントと数値を理解できていないことが多いという現状もあります。通販・直販ビジネスは、「装置ビジネス」ではなく、正反対の「積み上げ式モデル＝リピートビジネス」だということがわからず、初期の人員体制、投資の仕方から間違ってしまうのです。本項では、初期の人員体制と投資予算についてお話しします。

「経営者や責任者が、ネットやＤＭ通販で買い物をしたことがない」
「通販マーケットは伸びているから、うちも簡単に売上が伸びるだろう」
「うちの商品は評判がいいから、ウェブサイトに載せておけば注文が来るだろう」

　上記のセリフは、失敗する企業からよく聞く話です。
「99％はトップで決まる」とは経営論でよくいわれますが、まさにその通りで、「何の商品を売るのか？」「いくら売りたいのか？」「予算はいくらまで使えるのか？」「誰がやるのか？」「何人体制でやれるのか？」などなど、トップが知らないと、担当者も含めて、皆、不幸になります。

ここでの大きな問題は2つです。

①実現不可能な売上＆コスト予算

②担当が疲弊してしまう人員体制

問題①実現不可能な売上＆コスト予算

当たり前ですが、実現不可能な売上と予算を決めてしまうと、不可能な数字を数年追い続け、何の結果も得られないということが起きます。

予算設定で知らなければならない主要な情報は下記の通りです。

- 商品選択とマーケット規模
- 売りやすいチャネル選択
- サイト制作＆システム等の標準価格
- 運営経費
- 広告費、物流費　など

最低限でも上記の内容を押さえておかないと、絵に描いた餅以前の関わる人を不幸にする空想物語になってしまいます。

問題②担当が疲弊してしまう人員体制

営業部門、製造部門と同様に、通販・直販部門にも計画的に人員を配置する必要があります。

- ・サイト運営についての実施内容の把握
- ・売上計画、プロモーション選定などのマーケティング人員
- ・受注＆物流の実務把握　など

初期には、最低でもこれらについて把握しなければいけません。

最悪の場合、「お金と時間を使い、売上もほとんど立たないどころか、大切な担当社員が疲弊して辞めてしまった」という笑えない例が数えきれないほど起きているのです。

人員体制については無理に社内ですべてを運営するのではなく、物流その他の部分を外部に委託することも選択肢に入れるべきです。

このようなことが起きる前に、まず経営者・責任者が実際に、自社と同カテゴリー商品をネットやDMなどで定期的に購入して情報収集し、最低限理解しなければならない数字や実務内容を把握してから担当者へ指示するべきです。

【成功するための最低条件の予算と体制】

◆適切な予算組みに必要なもの

　テスト販売：3ヶ月、テスト販売経費15万円〜

　本格実施：初年度300万円の広告費、外部委託費用

　※そのほかに人件費等

◆適切な人員体制・運営体制に必要なもの

　テスト販売：兼務担当者1名

　本格実施：専属1名＋ウェブサイト制作フォロー（外部）

※専属人員は、可能ならばマーケティング系人員が望ましい

※専属人員は通販事業に労働時間の 80％以上を割くこと

※商品開発は、社長直轄で通販向きのものに特化すること

→順調ならば、１年目で月商 300 万〜 1,000 万円にすることも可能！

　店舗出店、卸向けの商品開発、工場開発などの経費に比べれば、小さな投資額で、人員体制も小規模からスタートできるのが通販・直販ビジネスの魅力です。しかも、自社商品が売れるかどうかを測るテスト販売レベルならばもっと安価に実施できます。

　しかし、あまりにも知識がなく、コストゼロではじめられるような幻想を持つ企業が多く、せっかく伸びているマーケットを活かせずに事業をやめてしまう企業も多いのです。

　まず、経営者・責任者が通販ビジネスを理解し、経験し、企業として大切な部門だと位置づけ、それなりの予算と体制を構築できれば、成功できるでしょう（低コストで実現するためのおすすめのテスト販売方法は４章でお伝えします）。

失敗の理由②
今ある既存商品で
売れると思ってしまっている
──既存商品で通販をはじめても失敗する──

既存商品を通販で販売する際には、2つの問題があります。「通販で買いたいほどの価値（希少性・地域性）があるかどうか？」「しっかりと利益の出る値づけをしているかどうか？」。これらに問題がある限り、既存の商品だけで通販をはじめても、まったく利益が出ないビジネスになってしまうのです。

「設備や在庫の問題があるから、今ある商品をギフト用にして通販で売ろう」

「うちで一番売れているものだから、通販でもいけるだろう」

「取引先の目もあるから、とりあえず、売価やパッケージもそのままでいこう」

　前述したように、通販ビジネスはすでに何十年も前からあるモデルです。市場は成長していますが、競合も多く、スーパーで買える商品が売れた時代はすでに終了しています。

　運よく、通販市場（たとえば、お取り寄せのマーケット）で売れたとしても、既存商品である場合、大きな問題が出てきます。それが、**「売上が伸びても儲からない」**という悲しい現実です。

そもそも、**スーパーやコンビニで売れている商品は、通販ビジネスには向いていません。**わざわざ近くで買える商品を送料負担して購入しませんし、仮に購入するにしても、お客様は普段買い慣れている商品なので、大手ブランドの商品や価格が安い商品を選ぶことが多く、送料も含めて賢く計算して最低価格で購入できる通販サイトで購入するのです。

　つまり、**スーパー、コンビニで売っている商品を通販というチャネルで販売しても、既存卸ルートと同じ大手企業と戦っていることになる**のです。

　通販で食品を購入するお客様は、スーパーやコンビニの売れ筋商品以外を求めています。

　たとえば、通販で売れているカップ麺に、素麺のカップ麺があります。200円を超える価格でコンビニで販売されたこともありますが、すぐに棚落ちした商品です。

▍通販ビジネスで成功する商品の特徴

　ここに、通販ビジネスで成功する商品の特徴・鉄則をまとめます。

> 特徴1：スーパー、コンビニには置いていないもの、売れないもの（百貨店でも数品しかないもの、選べないもの）
>
> 特徴2：商品粗利が60％は確保できるもの
>
> 特徴3：自社の特徴（地域性、技術、歴史、仕入れ、強み）が出せているもの
>
> 特徴4：食品の通販市場（ネット・DM）で、すでに一定の規

　商品選定は、本書で後述する売る場所（チャネル選定）と同様に
最重要の要素です。安易に今ある既存の卸売り商品を販売しても、
ほとんどの場合うまくいきませんし、利益も出にくいです。

　しかし、本来、企業として売りたかったよい商品、技術力を使え
る商品それこそが、スーパーやコンビニでは導入できないけれど、
一定層のお客様が求めている商品なのです。

　自社の強みを活かせる商品でどんどんチャレンジしていきましょう！

◆地方メーカー・生産者が開発し、通販で売れている商品例

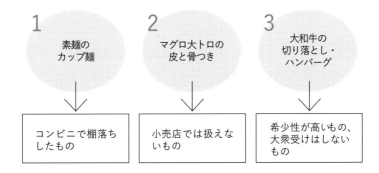

失敗の理由③
自社に合わない売れない
通販ルートで販売している
──販売ルートそれぞれで売れる商品が違う──

通販・直販ルートは大きく分けるとネット通販とＤＭ通販の２
つのチャネルがありますが、それぞれに特徴もターゲットも違
います。もちろん、売れる商品も違うことが多いのです。その
上、ネット通販での販売ルートは、大きく４つに分かれており、
ここでも売れ筋やターゲット、極論をいうと競合相手も変わっ
てきます。

　失敗している食品通販の大きな理由のひとつは、**売れない場所で
売っていること**です。

　たとえば、昆布の佃煮を例に考えてみましょう。

・ECモールでのモデル売上→年間600万円
・DM通販企業のモデル売上→年間１億円

トゥルーコンサルティング調べ

　つまり、昆布の佃煮の場合、ＤＭ通販のほうがＥＣモールでの販
売よりも、およそ16倍の規模がある販売ルートであることがわか
ります。

次に、精肉・加工肉の例も見てみましょう。

・ECモールでの流通規模→約40億円以上
・モデル企業数社の年間モデル売上→1億〜3億円

トゥルーコンサルティング調べ

つまり、精肉・ハンバーグなどの加工肉は、ネット通販が圧倒的に売れる販売ルートなのです（ギフト繁忙期は百貨店などの売上が高くなりますが、平常月は特にネット通販が強いという結果が出ています）。

よくあるのは、それぞれの販売ルートの広告・出店担当の営業マンが、根拠もなく「出店すれば売れますよ」と誘い、投資させようとするのですが、販売ルートやチャネルによる売れ方の違いがあるのは事実です。

ここで覚えておいていただきたいのは、「**食品のネット通販とDM通販は、客層がまったく違い、売れるものも大きく違う**」ということです。

┃ ネット通販は大きく4つに分かれる

ネット通販の場合、チャネルによって、客層や競合相手、マーケット規模が異なることが多く、どのチャネルを選ぶかで、売上の大きな差になってきます。

これは、初めてネット通販を行なう時に、間違いやすく、かつ誰も教えてくれないことなので、きちんと理解しておきましょう（詳

しくは4章で解説します)。

ネット通販の４つの主なチャネル
・楽天市場
・Yahoo! ショッピング
・アマゾン
・自社サイト

　これらのチャネルごとに、売れ筋商品、売れ筋販売価格、売上規模、競合が違うので、それぞれの売上を上げるための難易度も異なります。

　そもそも、マーケット規模が小さくて売上が上がらない、競合が安売りを仕掛けているからなかなか利益が出にくいなどということは、事前にわかるものです。

　ですから、
「とりあえず、簡単そうだからネット通販からはじめよう」
「出店などの費用が今なら６ヶ月無料でお得だといわれたから出してみよう」
　という気持ちでは、100％失敗します。

　ビジネスは当たり前ですが、**市場規模、競合状況、自社商品の強みを活かせるか**どうかを、しっかり判断した上で、参入するべき販売チャネルを決めることです。

　各販売チャネルについては、4章で説明をしますので、ここでは、自社の強みを活かした商品をつくったあとは、**「売れる場所」** で売

ることが大切である点を覚えておいてください。

　ここまで、食品通販で失敗する３つのパターンについて説明してきました。

　何はともあれ、「社長の理解」「通販で販売する商品」「有利な場所で売る」ということをまずは間違わないことです。

　テクニックはたくさんありますが、この３つをしっかりと把握することにより、スムーズな事業立ち上げが可能になるのです。

中小企業は小さな「シェア No.1」が獲れるニッチマーケットを狙おう

中小企業が通販・直販ビジネスに今から参入する際、自社の強みを活かし長期的に利益を出していくためには、「特定の分野でNo.1を獲る」という原理原則があります。その理由を、シェア理論とウェブマーケットの構造から解説します。

マーケティングだけでなく、人の生き方でもいわれることですが、**「自分の得意分野」「力を入れる部分」「攻める部分」を決めること**は、大変重要です。それが、その後の業績や運命を決めるといっても過言ではありません。

同じく、食品の通販・直販ビジネスで重要なのも、**「そのカテゴリー、その特定の商品ならば、少しの労力だけでトップになれるのか？」****「小さなマーケットでもよいので、存在感を示せるか？」**

ということが収益に影響を及ぼします。

覚えていただきたいのは、最終的に、**「ニッチトップ（カテゴリートップ、特定のジャンルでトップ）で**

ない商品は、売上維持も難しく、収益が出ない」

　ということです。

　同じ現象は、実店舗や卸を中心としたスーパーやコンビニのマーケットでも起こっています。ネット通販はより明確に、より大きな差となってニッチトップ以外が苦しむのです。

　食品を含むネット通販の特徴として、**顧客はトップにある商品を選びやすく、トップ商品は売上でも利益でも２位以下を大きく引き離している**ことがわかっています。

　たとえば、実店舗の場合、トップ企業といわれる場合でもマーケットシェア30％以下が多いのに比べて、ネット販売の場合、トップ企業は40％以上になることが多く、先行してマーケットをつくった企業の場合、シェア70％を確保する場合もあるほどです。１番と２番の差がつきやすいマーケットの特徴があるということです。

　また、この１番と２番の差は広告費にも表われていて、トップシェアの企業の売上高に占める広告費率は３％以下、それ以外の企業では10％以上になるという数字も出ています。

　マーケットが無尽蔵にあり、永遠に伸びるマーケットならばいいのですが、そんなマーケットはありません。食品ネット通販マーケットにも限界はもちろん存在し、競争の激しいカテゴリーでは、トップ企業しか利益が出ないという構図はもうできているのです。

◆マーケットシェア理論

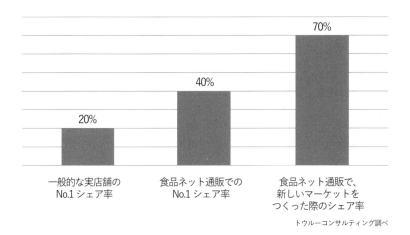

70%

40%

20%

一般的な実店舗の
No.1 シェア率

食品ネット通販での
No.1 シェア率

食品ネット通販で、
新しいマーケットを
つくった際のシェア率

トゥルーコンサルティング調べ

ニッチマーケットを狙う意味

　立ち上げがうまくいかない、売上が伸びていかない食品ネット通販の多くは、ニッチマーケットをしっかり狙っていない、または、小さくてもトップを獲れるマーケットを確保するための運営をしていないということが原因です。

　もっともやってはいけないことは、
「とりあえず、売れ筋の商品を安く売ってみよう」
「売上がほしいから、他社で売れている商品と同じような商品を売ってみよう」
　という考えで出品することです。出品後、一時はいいのですが、きちんとシェアを獲れる戦略ではありません。

しっかりとビジネスの柱にしていくこと、かつ、収益性が高いビジネスにするためには、「**ニッチマーケットのシェアトップを獲る**」という考え方、運営が重要なのです。

　シェア率は、集客数、広告費、購入率、客単価、リピート率、粗利、物流費、営業利益など、食品通販ビジネスに関わるすべての数字に影響を及ぼします。

　ですから、自社の強みの出せるニッチマーケットを狙い、強い企業と競争せずに、シェア40％を獲れる運営と仕組みを展開することが目標です。
　たとえば、月商30万円程度という小さな規模の商品でも、トップシェアを獲ることにより、運営が安定し、認知度が上がり、他社の参入を防ぐことが可能になるのです。

　具体的なマーケティングの考え方や手法は、後の章で解説しますが、ネット通販マーケティングの方向性として、本章で述べたことを重要事項として念頭においてください。

2章

地方の小さな食品企業が無理なく
通販・直販で成功した
ビジネス事例

事例 ① 伊藤農園：
六次産業化で大成功「和歌山・柑橘類」の通販全チャンネルトップシェアへ！

みかんをはじめとする柑橘類の農園として、地元企業や農協との取引が主だった株式会社伊藤農園。若干28歳という若さで3代目社長に就任した現社長は、本格的に直販強化へシフトしはじめました。この舵取りにより、自社主導で新規取引先の開拓や直販（B to C）を本格的にスタートしたのですが、バイヤーが集まる展示会出展や営業フローの構築、ブランド認知の苦労、楽天市場を中心に展開した直販では、広告費をかけなければ売れない、たくさん売ってもなかなか利益が残らないなど、課題は山積みでした。

伊藤農園は直販事業に苦戦する中、モールだけではなく自社サイトを強化して成功している企業や、新聞広告を中心としたDMカタログ通販を強化している事例を収集していくうちに、まだまだ方法に可能性があるのではないかと感じはじめたといいます。

そこで整理した当時の課題は次の通りです。

❶ 楽天市場では、広告をかけながら売上をつくっていたが、価格競争が増し、広告費率は悪くなり、利益が出にくくなっていた

❷ 自社主力商品の加工品を売り伸ばしたいが、価格競争が激しく、安い商品が売れやすい大手モールでは苦戦していた

❸ 商品の収穫時期の特性上、柑橘類はお歳暮ギフトでの販売戦略が中心となっているが、雇用面での課題にもつながるので、年間を通して安定的な売上を確保したかった

成功ポイント①
新聞チャネルへの参入で、6年で売上4倍！

　大手ショッピングモールでの価格競争とマーケット内における売上限界を感じる中、新聞チャネルでは価格競争に巻き込まれずに販売していけることに気がつきました。

　現在、新聞チャネルでの展開は6年目に突入していますが、広告効率は1年目と変わらない効率のよさでまわっています。

　現在、「みかん」と楽天市場内で検索をかけると、10万点近い商品候補が上がってきます。この数字は年々増加しており、その中で自社商品を販売していく難易度は極めて高いものです。一方、新聞チャネルはというと、競合企業は10社ほどにも満たないのです。**しかも、新聞の場合、「みかん」商品を掲載している企業の横に、他社の「みかん」が並ぶことはまずありません。**これがネット検索やショッピングモールの場合、「みかん」と検索した後は、みかんを食べたい・購入したい人向けにみかん商品がずらりと並んでいます。つまり、「目的検索をしたあと、その中で選んでもらうまでの競争が生まれる」のです。

また、商品の特性上、毎年つくれるだけの最大量を、大手ショッピングモールを中心に広告をかけて一気に販売していたため、在庫調整やコントロールができていませんでした。しかし、新聞チャネルでの販売戦略をすることにより、**数量を決めて売りたい分だけ試算した想定の中で販売することに成功**しています。現在は、毎年想定される収穫の量から、どのチャネルでどれだけ売るかを決め、計画的な販売を実施できています。

成功ポイント②
顧客との接触頻度が大幅にアップ！

　新聞チャネルは、圧倒的に効率よく新規顧客を獲得できるチャネルです。そこで獲得できた顧客は自社保有名簿のため、接触・アプローチをすることができますが、これが大きなキーとなります。

　つまり、**好きなタイミングで顧客にアプローチすることができ**、密なコミュニケーションを図ることができるのです。これにより、新商品のテスト販売や原料の余り・ロス改善にも功を奏しました。

成功ポイント③
リピート売上が大幅にアップ

　顧客との接触頻度が大幅にアップしたことで、リピート売上の大幅アップにも成功しました。その背景には、価格主導権を握った販売戦略を行なうことにより、リピートアプローチにコストを投下することができたことも要因のひとつです。

　年間１回以上買っていただけるお客様の年間購入金額の平均は１

ピュアなおいしさ 伊藤農園 通販事例

◆EC 主要モール柑橘類マーケットの推移

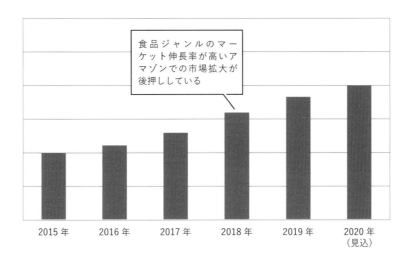

食品ジャンルのマーケット伸長率が高いアマゾンでの市場拡大が後押ししている

◆BtoC 通販事業の売上推移

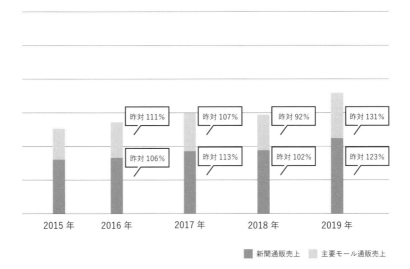

昨対 111%　昨対 107%　昨対 92%　昨対 131%

昨対 106%　昨対 113%　昨対 102%　昨対 123%

2015 年　2016 年　2017 年　2018 年　2019 年

■ 新聞通販売上　■ 主要モール通販売上

万2,000円台で、もっともご利用いただいているお得意様では、年間5万円以上も購入いただけています。自社保有の名簿は資産であり、お客様との密なコミュニケーションと関係性を構築・継続できることは通販事業での強みとなっています。

▌今後の展望

①自社主力商品・加工品の販売強化

食品メーカーという強みを活かしながら、自社主力商品である「みかんジュース」の販売強化を行ないつつ、さらには加工品の商品展開を広げていきながら、売上を加速させていく予定です。

②認知度アップ

過去の実績である、大手航空会社での機内販売や雑誌掲載に加え、どんな状況下でも企業イメージ・商品イメージを維持・向上させながら、認知度アップを図りビジネス展開していきます。

③チャネル拡大

国内での企業認知拡大、さらには海外展開へと拡充させることを視野に、日本の柑橘類を代表する食品メーカーとして事業拡大を目指していく方針です。

取材協力：株式会社伊藤農園 伊藤彰浩様
https://www.ito-noen.com/

—— 商品 ——

100%ピュアジュース 10 本ギフト　　バラエティセット（ギフト）

100%ピュアジュース寒天ジュレギフト　　ドライ不知火

企業情報 🌳和歌山 有田の 伊藤農園

株式会社伊藤農園
本社所在地：和歌山県有田市宮原町滝川原
498-2
事業種目：柑橘類の生産、搾汁、加工、販売
従業員数：65 人

代表取締役社長 伊藤修氏、
専務取締役 伊藤彰浩氏

事例 ② 菓匠もりん：

「スイーツ×イベント×ECマーケット」でトップに！地方洋菓子店がEC通販では大手ブランド店より売れる理由

バレンタインデー、ホワイトデー、クリスマスといったイベント時期に売上が大きく跳ね上がる洋菓子マーケット。そのため、人員体制や在庫のコントロールがとても難しいのが特徴です。「イベントのない平常月の売上最大化」「イベント時の利益最大化」を軸に置いて事業拡大をしていったポイントをお伝えします。

通販事業を強化する上での課題は次の通りでした。

❶ 大手モールをメインに販売していたため、手数料、送料の値上げ、イベント時の広告などに大きなコストがかかる

❷ 商品の特性上、ギフトシーズンに入ると売上が5倍以上変わるという繁忙期と閑散期の大きな落差

❸ 出荷体制の整備から材料・梱包資材の管理、広告の計画作成など、「商品管理・人材管理・販促管理」を社長ひとりで決めていたため、社員の育成や安定した運営ができていなかった

成功ポイント①
商戦への準備と初動

　ネット通販では、販売数の予測や細かい広告の選定等の準備は
３ヶ月以上前には完了させる必要があります。また商戦がはじまれ
ば商品の動きと検索結果のポジションを見て、広告投資や値下げも
考えなければいけません。

　ネット通販では検索からの流入が大きな部分を占めます。商戦が
はじまる前から検索上位のポジションを戦略的に維持し続けるのが
望ましいため、２ヶ月以上前から検索結果を見ながら「早割り値下
げ」や「広告」を実施し調整しました。
　商戦開始の初動も重要です。初動がよくない場合は何かしらの原
因があるので、その原因をできる限り早く取り除く必要があります。
商戦中は毎日売上を追って常に臨戦態勢で臨んでいきました。

成功ポイント②
年中売れる商品の開発と育成

　洋菓子は自家消費する商品が年中売れる商品になりやすいです。
代表的なものは、バームクーヘンやカステラになります。そこで、
市場規模が一定以上あり、価格競争がそこまで進んでいないマー
ケットに対して積極的に商品開発を行ないました。
　結果的に平常月の売上が上がり、イベント時のみ人件費や労力の
負荷がかかる構造は徐々に改善していっています。

成功ポイント③
イベント商品の在庫リスクを減らす

　1年を通した時の経営上の最大のリスクは、イベント商品の在庫が滞留することです。たとえば、チョコレートは冬場とバレンタインがメインになるので、そこで売り切らないと材料と梱包資材の費用（キャッシュ）が半年以上寝てしまうことになります。そのため去年の数値と現在の売れ行きをしっかりと見比べて、販促や価格を即座に変更するなどの工夫をしていきました。

今後の展望

①ブランドポジションの確立
　ハイセンスな商品が並び、高品質な商品を届ける「morin」ブランドとしての立ち位置を確立していきたいと計画中です。
②リスクの低減
　平常月の売上ベースを上げることで雇用のリスクを減らし、精度の高い販売計画を組むことで在庫のリスクを減らすことを追求していきます。
③通販事業部の体制構築
　以前に比べると負担は減っていますが、今後は社長が関わらずともしっかりと利益を上げ続ける通販事業の組織づくりを目指しています。

取材協力：菓匠もりん（株式会社モリンホールディングス）　森本宏樹様
https://www.rakuten.ne.jp/gold/kasyou-morin/

—— **商品** ——

がらんの小石アラカルト（クッキー）

マカロン詰め合わせセット 10 個入（マカロン）

でぶのもとぷりん（プリン）

パティスリーもりん本店

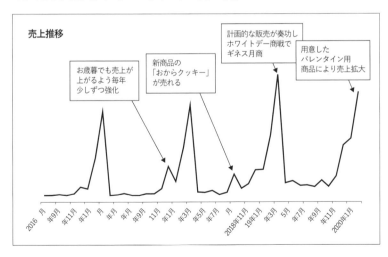

売上推移

お歳暮でも売上が
上がるよう毎年
少しずつ強化

新商品の
「おからクッキー」
が売れる

計画的な販売が奏功し
ホワイトデー商戦で
ギネス月商

用意した
バレンタイン用
商品により売上拡大

パティスリーもりん本店

パティスリーもりん宇多津店

パティスリーもりん高松店

企業情報

菓匠もりん
（株式会社モリンホールディングス）

所在地：香川県善通寺市与北町 977-3
設立年：平成 17 年
業務内容：洋菓子の生産と販売
代表取締役：森本 宏樹
従業員数：140 人
資本金：25,000,000 円

事例③　島乃香：

「通販専用商品×新聞チャネル」で年商1億超えへ！ B to C 通販マーケットに先手先手で参入したことが決め手

老舗の佃煮メーカー島乃香株式会社は、直販強化に早い段階で目を向け、先代の三代目社長時代に本格参入しました。以前から、卸事業と兼務してDMカタログ通販を行なっていましたが、時代の流れ・通販の重要性を意識し、通販専用商品の強化、ラインナップの充実、販促強化、リピート強化と、一つひとつ実施していき、顧客数を安定的に増加させていきながら楽天市場やアマゾンにも参入し、新しいターゲット層の売上も確保しています。

卸事業における国内シェアは一定のポジションを獲っているため、通販では既存商品・既存事業展開では売上が伸びにくい状況でした。そこで、新商品開発の充実・チャネル拡大を行ないながら、通販事業でも売上アップを図っていきました。

通販事業を強化する上での課題は、

❶ 認知度の高い卸商品との差別化ができる商品が少なく、どんな商品が通販専用商品として相性がいいかわからない

❷ リピート対策・内部オペレーション体制をしっかり構築で

きていなかった

❸ 社内で実施すること、外部に依頼する内容、費用の基準や体制構築ができていなかった

成功ポイント①
新聞チャネルの強化

新聞チャネルの強化はすでに実施していたものの、適正基準での運用が実施できておらず、傾向分析や対策が構築されていませんでした。そこで、新規顧客獲得対策・リピート育成対策を徹底化することで、適正値の中で展開できるようになりました。

成功ポイント②
売れる商品の開発

売れる商品開発は、通販事業にとってもっとも大切なキーワードのひとつです。メーカーだからこその強みを活かした商品開発を定期的に行ない、さらにはテストマーケティングをしながら通販との相性を見ていく。このサイクルの繰り返しはとても重要ですが、多くの企業が実践できていないのが実情です。

うまくいっている段階で油断せずに、他の軸になる商品を開発していくこと、ここをうまくまわせたことも成功要因です。

実際、島乃香でも安定的に売れる商品、新規顧客が獲得できる商品は変わってきています。次に強化する商品を、費用対効果が低下

した段階で探すのではなく、事前にその準備をして他の芽をテストしていったからこそうまくサイクルをまわすことができました。

　現在でも、主軸商品はあるものの、1商品に頼らず他の商品もテストマーケティングをしながら傾向を見ています。

　主軸商品だけで展開しているほうが、効率がよい時もあります。しかし、次の芽を出すための予算もしっかり用意して、対策を講じていくほうが安全です。なぜなら、悪化してからの対策では間に合わないこともあるからです。そこで、主軸8割、テストマーケティング2割の運用体制で通販事業の安定化を保っています。

成功ポイント③
上手な外部体制の構築

　経営者層・経営幹部にとって、事業拡大はうれしい反面、現場には悲鳴の声が上がってくるのもよくあることです。

　つまり、通販事業の売上拡大に伴い、受電、受注処理、出荷処理、発送、顧客対応、こういった通販に関わる業務は増えていくのです。

　島乃香の場合、社内体制だけではなく、外部のリソースをうまく活用することで事業拡大を効率的に行なっていきました。

　まず、年間1万5,000件以上となる、受電対応をほぼすべて外注しています。また、リピート率向上のためのアウトバウンド（架電営業）もアウトソーシングしています。DMカタログ送付の印字から発送もアウトソーシングしています。少量であれば内部で作業をして発送している企業も多いですが、実際、最低賃金高騰や人件費高騰等を考えると、外部に依頼したほうが安いという場合も増えてきています。

--- **商品** ---

味しじみ

浅炊きあさり

ひじきふりかけ

むき甘栗

通販担当

塩田さん

中原さん

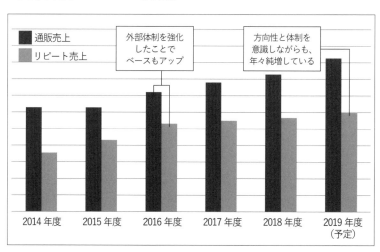

■ 通販売上
■ リピート売上

外部体制を強化
したことで
ベースもアップ

方向性と体制を
意識しながらも、
年々純増している

2014 年度　2015 年度　2016 年度　2017 年度　2018 年度　2019 年度（予定）

このような体制を構築することによる、一番のメリットは社内体制・通販事業部責任者がマーケティングに時間を費やすことができるという点です。実際、通販事業の拡大はしているものの、外部に一部の業務を委託することによって、人員体制は大きく変わらず展開ができています。

　社内スタッフは年間DM計画、販促計画、商品開発＆テストマーケティングに時間を費やして、業績を上げ、利益を上げるための時間に投資することができています。

今後の展望

①新商品開発およびさらなる販売強化

　メーカーという強みを活かしながら、卸流通している商品とは異なる商品、さらには異なるジャンル付加も行ない、会社全体の新たな軸を構築していきます。

②ブランディング

　ブランディング（顧客や消費者に向けて企業価値を高めていく活動）のために、市場認知を拡大して、佃煮メーカーとしての製造ライン・販路を活かしていきます。

③体制構築・仕組化強化

　現状の体制に満足することなく、より効率的にスピーディに事業拡大できる仕組みを追求・実現化し、佃煮を通じて世の中に貢献していきます。

取材協力：島乃香株式会社　木下佐代様
http://www.simanoca.co.jp/index.php

製造現場

社員集合写真

代表取締役社長　木下佐代氏

企業情報

島乃香株式会社

本社所在地：香川県小豆郡小豆島町馬木甲 182
事業種目：佃煮製造・販売
従業員数：123 名

事例 ④ 伍魚福：
ギフト商戦中心のおつまみメーカーが、月次売上のブレが少ない、安定売上の通販モデルへシフト

創業60年以上。『カンブリア宮殿』にも取り上げられた高級珍味メーカー株式会社伍魚福。「すばらしくおいしいものを造りお客様に喜ばれる商いをする」という経営理念のもと、全国200社の協力工場で製造する約400種類の品揃えを武器に、全国のスーパー、百貨店、コンビニ、交通・観光売店、ドラッグストア、関西エリアのお土産店など、商品価値に見合った小売店で事業展開しています。その卸売事業とは別に、“どこにでも売っている商品ではない"強みを活かし、通販事業を展開しています。

　通販事業のスタート時は自社サイトで展開するも、なかなか業績は振るいませんでした。そこで、さまざまな情報収集を行ない、各ネットモールごとの戦略をとっています。
　ネット販売の主軸は、関西の春の風物詩いかなごの「くぎ煮」と父の日・お歳暮のギフトが中心で、このギフト需要時期の売上最大化を行なうと共に、平常月での自家消費商品を展開・強化することで、ギフト時期に偶然買っていただいたお客様だけではなく、まずは自分で食べていただき、その後、納得いただいた上でギフトとして利用していただける流れをつくりました。

通販事業を強化する上での課題は、

❶ ネット通販と DM カタログ通販を展開するも、売上の伸長率があまり思わしくなかった
　・卸中心の体質だったため、通販展開方法に悩んでいた
　・DM カタログ通販を伸ばしていきたいけれど手段がわからなかった
❷ ギフト商戦は売上予測が難しいため、物流体制について悩んでいた。平常月でも売れる商品がほしかった
❸ 売上の山であるギフト商戦の時期の最大化を目指したい

成功ポイント①
ギフト商戦の最大化

　一番売上インパクトのあるギフト商戦において、マーケットの分析、商品企画立案、広告、ページ強化、出荷体制改善、物流費改善を、今までの感覚ではなく、計画的に行ないました。結果的に、繁忙期以外の時期の底上げにもつながりました。

　ギフト商戦を強化するために、「今までの商品をどう売るか？」ではなく、「どのような商品をどの価格帯で販売し、どのようなページで作成していけばいいか？」を徹底的に分析し、梱包サイズや梱包デザインまでこだわって、売れる商品設計を実施していきました。
　もちろん、100％予測通りには行きませんが、仮説と販売、そして振り返りを行なうことで見えたことで、翌年以降の改善につなげ

ることができています。

　その次に、もともとテコ入れを実施していなかったアマゾン市場の魅力を理解し、ギフト商品を強化したことが、ネット通販売上における大きな売上上乗せにつながりました。

　上記の予測に合わせた内部の人員体制による計画的な梱包・出荷体制構築を行ない、さらには、アマゾンの倉庫を活用したFBA販売（「フルフィルメント by Amazon」の略で、アマゾンが商品を預かり、その商品が売れた場合、梱包から発送までをアマゾンが行なってくれる販売業務効率化サービス）、マルチチャネル販売も行なうことで、瞬間風速的な出荷増をなるべくフラットにすることで、従業員負担も軽減できています。

成功ポイント②
平常月における新規顧客獲得・売上拡大

　平常月における売上の少なさがもともとの課題でしたが、おつまみジャンル以外でも大きな売上を確保できるマーケットがあることがわかり、商品企画を設計して、集客を行なっていきました。

　マーケットに合わせた商品企画をチャネルごとに展開していくと、平常期に自社のことを知っていただくことがギフト注文にもつながることがわかりました。

珍味を極める **伍魚福** 通販事例

— 商品 —

上段左　ピリ辛さきいか天
上段右　クリームチーズ
　　　　生ハム包み
下　　一夜干焼いか

BtoC 通販担当
田中さん

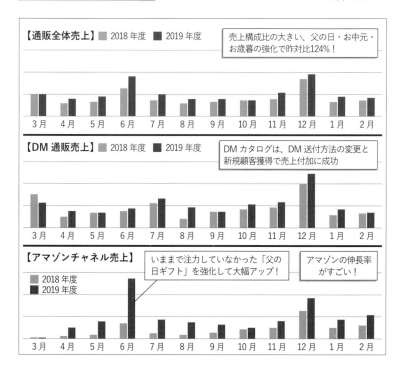

【通販全体売上】　■ 2018 年度　■ 2019 年度

売上構成比の大きい、父の日・お中元・お歳暮の強化で昨対比124％！

3月　4月　5月　6月　7月　8月　9月　10月　11月　12月　1月　2月

【DM 通販売上】　■ 2018 年度　■ 2019 年度

DM カタログは、DM 送付方法の変更と新規顧客獲得で売上付加に成功

3月　4月　5月　6月　7月　8月　9月　10月　11月　12月　1月　2月

【アマゾンチャネル売上】

いままで注力していなかった「父の日ギフト」を強化して大幅アップ！

アマゾンの伸長率がすごい！

■ 2018 年度
■ 2019 年度

3月　4月　5月　6月　7月　8月　9月　10月　11月　12月　1月　2月

成功ポイント③
DMカタログ通販のテコ入れ

　DMカタログ通販については、事業展開するもジリ貧状態でした。年間に決まっている数のDM送付で展開するも、DMを送付する（アプローチする）顧客数が純増しているわけではないので、伸び悩んでいたのです。そこで、DMカタログ通販における重要なDM送付方法の改善、アプローチできる新規顧客獲得の強化を行ないました。

　今までのやり方では、DMカタログ通販の効果的な販売展開をできていないことがわかり、多くの傾向分析・事例企業の勉強会にも参加してテコ入れすることで、まずは既存顧客に対する効果最大化の方法を学んでいきました。

　また、新聞媒体へのアプローチをすることで、ネット通販とはお客様の層と考え方、そして売れる商品がまったく異なっていることを把握できたので、長期的に新聞媒体を強化することに決定しました。

今後の展望

　これからは、計画的で効率的に、利益が最大化するための知恵と情報が今まで以上に重要になってきていると感じています。また、2019年から強化しはじめた新聞媒体での新規顧客獲得については、まだまだ体制構築中ですが、この事業には期待と可能性を感じています。

取材協力：株式会社伍魚福　田中修二様
https://gogyofuku.com/

ピリ辛さきいか天製造風景

一夜干焼きいか製造風景

代表取締役社長　山中勧氏

企業情報

株式会社伍魚福
本社所在地：神戸市長田区野田町8丁目5番14号
事業種目：味を創造する高級珍味の製造卸
従業員数：70名

事例⑤ 茜丸：

あんこメーカーが、既存卸事業に影響を与えることなく、B to B通販にて年商1億円付加した通販モデル！

創業80年、餡および和洋菓子の製造・パンの販売を展開する株式会社茜丸にとって、メイン事業はあんこの業務用卸でした。味はもちろん、自社の強みである品揃えの豊富さを武器に、既存の卸事業とは別に業務用通販（B to B通販）業を展開中。卸事業ではアプローチしきれない業種・業態・規模に対して、ダイレクトにアプローチをすることで事業拡大に成功しています。

　実は、食品メーカーにとってB to B通販は未開拓エリアで競合も少ないマーケットです。茜丸が展開しはじめたのは2008年だったので、まだどの食品商材でもほとんどB to B通販の話は聞きませんでした。しかし、会社の長期的な方向性を考えた際に、必要不可欠と判断したため本格参入しました。

　通販事業をはじめる時の課題は次の通りでした。

❶ 卸中心の事業が伸び悩み、既存事業の将来性に不安を抱えていたため、販路を広げる方法がないかと考えていた

❷ 問屋ルート卸がメインだったため、商品力・企業ブランド

が伝わらず、埋もれている
　・商品の味は知っていても、茜丸の商品だとは知らなかった
　　という声が多い
❸ 自社をもっと知ってもらいたい
　・メインターゲットであるパン屋にどうアプローチすればよ
　　いかわからない
　・全国に営業マンはいない中でどのように展開していくか

成功ポイント①
「カタログ」「WEB」アプローチ・販促ツールの充実

　茜丸では、お客様へのアプローチはDM・FAX・WEBの３軸で
展開しています。そして立ち上げに時間と労力がかかったものの一
番の武器になったのが、カタログ作成です。

　DM・FAX・WEBでアプローチを行なった後の受け口として、充
実したカタログをとことんこだわってつくりました。本来の取引先で
あるパン屋が、「パン屋はネットを見ない」ことに気づき、ＷＥＢサ
イトの優先度を下げて、カタログ作成に力を入れていきました。

　カタログは、価格を入れているものと入れていないものの２種類
を用意しました。価格を入れないカタログは、問屋の営業マン用に
配りました。問屋経由の販路開拓時にぜひ使用してもらえればと思
い、自社で作成して渡しています。

　一方、価格を入れたものは、過去に取引がない企業向けのアプロー
チツールとしています。

WEBサイトもその後、しっかりと強化を行ないました。WEBサイトの一番のメリットは、FAXやDMとは異なり、ターゲットへアプローチした業種・業態以外からの問い合わせも来るという点です。実際に、レストランやその他、幅広い業態から相談が来ています。

WEBサイトは、取引先にとっても自社にとってもメリットがあります。取引先にとっては決済でクレジット対応できること、発注内容の証明にもなりますし、自社にとっては今までの電話受注やFAXでの注文処理で起きていた受発注ミスや漏れが圧倒的になくなるという点です。

さらに、リピート対策のアプローチもWEBを活用して展開できるため、自社にとっても、WEBで注文していただいたほうがメリットが大きいのです。そのため現在では、WEB注文についてはポイントを導入してお得感を高め、よりWEBの注文構成比を高めるようにシフトしています。

成功ポイント②
ターゲティング×効率のよいリスト化＆アプローチ

ずばり、茜丸にとってのメインターゲットは、「地方で３店舗以下の事業展開をしているパン屋」です。それはなぜかというと、問屋ルートではまわりきらないゾーンがこの３店舗以下のパン屋だからです。しかも、このボリュームが大きいことに気づきました。

この明確化されたターゲットに対して、適正な販促コストをかけながらアプローチをしていきました。

どんな商売にも共通しますが、ターゲットリストの精度は非常に

重要です。そこで、食べログやホットペッパーといった飲食店ポータルサイトのリストを有効活用することにしました。

ポータルサイトを見てみると、想像以上に店舗が多いことに気づきます。このリストを収集し、FAXやDMでアプローチし、見込み客を拡大していったのです。このリストを、作成→アプローチ→クリーニング→追加作成→アプローチ……と新規ターゲットリストを追加しながら効率よく繰り返しています。

年間計画を立てながら、あんこの使用が多くなる春・秋を主軸にDMでアプローチ、FAXではコンスタントにアプローチしながら見込み客から本取引の拡大に成功しています。

┃成功ポイント③
┃見込み客を本取引に導く徹底した内部体制の構築

パン屋は、もともとあんこを使っています。その中で、自社の商品に出会っていただき、サンプルを食べていただいてから、いかに切り替えていただくか、ここには企業努力が必要不可欠でした。

サンプルをお送りするだけではなく、集中的にアウトバウンド（電話営業）を行ない、率直なヒアリングと本取引に導く提案を行なっています。

アウトバウンドを実施した時と、実施していない時とでは、本契約率に大きな差がありました。目的は本契約のため、集中的にアプローチ後のフォローを徹底するようにしています。

茜丸は大阪に本社を置いていますが、全国に営業マンは存在しません。それでもアウトバウンドをしっかり行なうことで、本取引ま

豆一筋 あん一筋 **茜丸** 通販事例

── 商品 ──

春色さくらあん

爽快ラムネあん

粒あん十勝

大栗どらやき

みるく饅頭かぶきもん

あんとバターシリーズ
（いちご）

【会員数の推移】

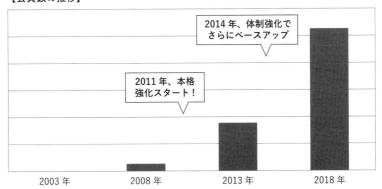

2014 年、体制強化で
さらにベースアップ

2011 年、本格
強化スタート！

2003 年　　　2008 年　　　2013 年　　　2018 年

で獲得することができるのです。

　また、問屋経由の卸商品で、一番大きい売上は、定番の粒あんでしたが、B to B通販経由の一番の売れ筋は季節性のあるあんこです。季節性がある商品・変わりが早い商品は問屋も営業時に強く提案できない（年間を通して継続的ではないため）ということがわかったので、ますますB to B通販は狙い目のチャネルであることを確信しました。

今後の展望

　B to B通販を行なってみて、いろいろなことがわかりました。
・問屋経由では、本当に自社の商品の魅力が伝わりにくい
・問屋経由での売れ筋と異なる商品がB to B通販では売れる
・少人数体制でも展開ができる（当初2名→現在4名）
・全国に営業マンがいなくても、努力次第で取引先拡大ができる
　これらの経験を活かし、あんこのB to B通販はもちろんのこと、さらに、あんこのOEM専門サイト、ノベルティ専門サイト、どら焼きの業務用サイト、あんこレシピサイトなど、ターゲットごとに合わせたマーケティングを行ない、あんこメーカーとして、事業拡大を図っています。

　今までの卸事業だけにとらわれず、自ら顧客を獲得していくB to B通販の魅力は、結果が数字でわかることです。

　海外との取引・商談も増えてきているため、老舗あんこメーカーとして、さまざまな軸で事業拡大にチャレンジしていきます。

取材協力：株式会社茜丸　北条竜太郎様
https://www.akanemaru.co.jp/

本店

常務　北条竜太郎氏

企業情報

株式会社茜丸

本社所在地：大阪市天王寺区大道 2-13-15
事業種目：餡および和洋菓子、パンの販売

事例⑥越前宝や：
特定分野における明確な
コンセプトの打ち出しが決め手！
「干物ギフト」で業界 No.1 へ

大手ショッピングモールを中心としたネット通販で事業拡大を行なっていましたが、売上は不安定。「売れた・売れない」の理由も明確にならない中、「自社の強みとは？　目的はなんだろう？」と考えはじめたところから、根本的に通販事業を見直すこととなりました。

通販事業を強化する上での課題は次の通りでした。

❶ 明確なビジネスのコンセプトが不明確な中、日々の仕事に
　追われていた

❷ モール担当者と連携を取りながら、広告投下＆売上確保を
　行なうも、なにが正解か？　費用対効果は合っているか？
　などは検証しておらず、数値管理ができていなかった

❸ 自社独自のこだわり商品をつくりたいと考えるものの、商
　品開発や売り方に自信が持てなかった

成功ポイント①独自コンセプトで「干物ギフトカテゴリー」シェア No.1 に！

マーケット内での３Ｃ分析（Customer ＝市場・顧客 Competitor ＝競合、Company ＝自社を分析し、自社の強みと弱みを特定するためのフレームワーク）を行ない、明確なコンセプト設計を行なうことで、ぶれない販売展開に成功しました。その結果、「売らなければ」という安売りや売り急ぎから、「自社商品を求める顧客に、自信を持って売る」という姿勢にシフトすることができ、通販事業当初より1.8倍まで成長しています。

その内容として、商品を「干物マーケット」よりも小さくなる「干物ギフトマーケット」に絞り込みを行ないました。その理由は、競合商品の販売価格が自社販売価格に見合わなかったこと。そこで、利益の取りにくい競合と戦う販売戦略をストップさせ、強みである接客・サービス面の打ち出しを行なえるギフト販売に絞り込みしました。その結果、干物ギフトの繁忙期である「父の日」と「お歳暮」時期におけるギフト比率は85％を超え、お客様に愛用していただいています。

成功ポイント②数値管理・検証の仕組みを構築

リアル店舗と比較して、すべて数字で見られる・わかるのが通販の特徴です。

売れた商品の販売傾向、流入経路、アクセス推移、デバイス傾向などの一般的な推移、さらには、その都度の競合状況を把握すれば多くの傾向分析を行なうことができます。

一方で、リアル店舗以上に変化が早いといえるのも、ＥＣ通販の

うす塩干物のどぐろ入6種18枚セット

味噌漬け6種12切れセット　　骨まで食べられる焼き魚

売上推移

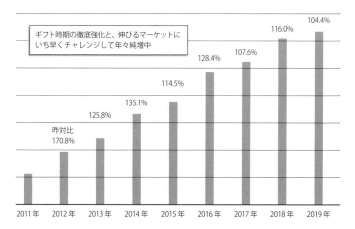

ギフト時期の徹底強化と、伸びるマーケットに
いち早くチャレンジして年々純増中

昨対比
170.8%

125.8%　135.1%　114.5%　128.4%　107.6%　116.0%　104.4%

2011年　2012年　2013年　2014年　2015年　2016年　2017年　2018年　2019年

特徴です。広告効率は前年に比べて、同じような販売方法では１／３の成果しか出ないということも起こりうるので、その都度、広告の効果検証を行なうことで、次の仕掛けに活かすことが重要です。

┃ 成功ポイント③新商品の開発×販路拡大

　売れる商品傾向が見えるというのも、ＥＣ通販の特徴です。そこで、「売れるための条件」を洗い出し、新商品開発に成功しました。

　さらには、海産物商品に共通して出てくる「冷蔵・冷凍」物流の課題を解決すべく、常温商品を開発したことで、海外販路拡大にも成功しました。

「おいしい」×「国産原料」×「手間要らず」×「子どもからご高齢の方まで」×「非常食」というコンセプトの元、味だけではない利便性も兼ね備えた商品化を実現したのです。

┃ 今後の展望

「干物ギフトマーケット」というニッチ分野でのシェアNo.1を維持・拡大すること。さらに、自社商品の商品ラインナップを広げていきながら、世の中にインパクトを与えていく存在を目指しています。

　国内通販に留まらず、「日本の食」「魚」の素晴らしさを海外にも伝えていくために、現在越境で注文があるシンガポールやタイに加え、その他の東南アジアやアメリカを視野に入れて販路拡大を展開していきます。

取材協力：越前宝や（株式会社たからや商店）宝山友紀様
https://www.takaraya-himono.com/

WEB 部門

発送風景

従業員メンバー

店舗責任者　宝山友紀氏

企業情報

越前宝や（株式会社たからや商店）

通販サイト店名：福井のカニ・干物専門店
越前宝や
本社所在地：福井県福井市新田塚 2-34-16
資本金：1,000 万円
従業員数：6 名（すべて女性）

3章

全国商圏の
通販・直販マーケットで求められ、
売れる商品とは

狙い目な
３つのマーケット①
「お取り寄せマーケット」

どんなビジネスでも大切なのは、「どんな商品・サービスがお客様に求められているのか？」を把握し、開発・販売することです。本章では地方発であることのメリットを活かしながら、ニッチだけどニーズのある商品の見つけ方、企画の考え方を紹介していきます。通販・直販で売れるパターンを理解し、開発のヒントにしてください。

　全国各地の地域経済が縮小する中、地域密着スーパーの売上も厳しい状態が長く続いています。そこで、経営のひとつの判断として、「どこのマーケットを攻めるべきなのか？」を考えることが重要です。一般的には、**伸びているマーケットのほうが、今後の売上も伸びやすい**という理論がありますので、まずはそのマーケットをご紹介しましょう。

　特に、地方食品企業にとって有利に働き、かつ、成長しているマーケットを紹介していきます。

地方でしか手に入らない＝お取り寄せマーケット

「うちには工場直売所があるけど、そんなに売上は伸びていない」
「会社に直接電話をかけてきて購入するお客様もいるけど、年に数回くらい」
「お取り寄せマーケットなんて、もうブームがすぎているのでは？」

　こうおっしゃる方もいるかもしれませんが、それはもったいない考え方です。
　お取り寄せマーケットの規模は現在２兆円で、毎年伸びており、長期的には３兆〜４兆円まで成長する可能性を秘めています。

　「お取り寄せ」とは言葉通り、**地方から「わざわざ取り寄せる」商品**のことです。都市部を含めて、小売店（特にスーパーやコンビニ）では購入できない商品であることも特色です。
　現在、売れている「お取り寄せ」商品の特徴は次の３点です。

・地方でしか手に入りにくいもの。地域の特産品
・鮮度など、地方メーカー・産地からの直送がよいとされる
　もの
・スーパーで購入するよりも質がよく、お値ごろなもの

　これらの商品特徴は、どれをとっても地域の食品メーカー・生産者だからこそ有利に働くものばかりだと思いませんか？

◆通販市場規模推移と予測

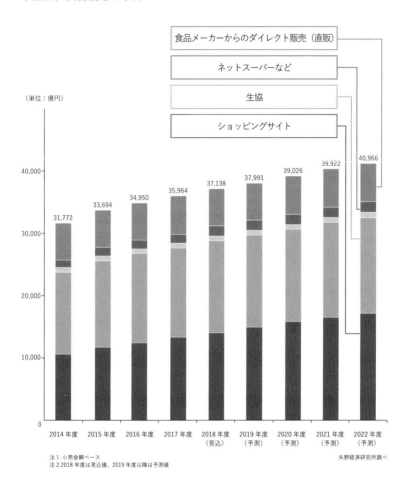

（単位：億円）

食品メーカーからのダイレクト販売（直販）

ネットスーパーなど

生協

ショッピングサイト

40,000

30,000

20,000

10,000

0

31,772　33,694　34,950　35,964　37,138　37,991　39,026　39,922　40,966

2014 年度　2015 年度　2016 年度　2017 年度　2018 年度（見込）　2019 年度（予測）　2020 年度（予測）　2021 年度（予測）　2022 年度（予測）

注 1. 小売金額ベース
注 2.2018 年度は見込値、2019 年度以降は予測値

矢野経済研究所調べ

約 4 兆円の売上金額のうち、生協やスーパーなどの宅配を除くと、
約 50％の 2 兆円がお取り寄せマーケットと考えられる

大企業ではつくれない地方発の商品が売れる

つまり、お取り寄せマーケットは大企業には入り込めないマーケットなのです。大量生産されて、全国のスーパーなどに販売されている商品はこのマーケットでは売れません。

地方スーパー、産地直売所、土産物店で売っていて、商品に手づくりの部分や職人の技などの要素があるほうがよいのです。

これまでコンビニなどでは導入できなかった商品や、賞味期限が短い商品、特定の期間しか販売できない商品、少量の製造しかできない商品など、**今まで販売することが難しかった商品ほど、お取り寄せマーケットでは「強み」になります**。ぜひチャレンジしてみましょう。

ふるさと納税でも強い「お取り寄せ食品」

2008年5月にはじまった「ふるさと納税」もお取り寄せ食品の流通を後押ししています。返礼品の中でもお取り寄せ食品が各ランキングでも上位に表示され、北海道産品、九州産品などは当然ですが、パンや果物、調味料なども選ばれ、お取り寄せマーケットを底上げしています。

ふるさと納税の返礼品に取り上げられるメリットは、定価で販売できること、プロモーション等は市町村が実施してくれるので企業としての利益が確保しやすいことです。

年間3,000万～1億円ほどの売上を稼いでいる企業も出てきています。窓口は市町村にあるので、ぜひ、活用していきたい制度です。

狙い目な ３つのマーケット② 「生活習慣病＆ 介護食マーケット」

おすすめの食品マーケットの２つ目は、生活習慣病や介護食の
マーケットです。どちらとも、現在伸びているマーケットであ
り、高付加価値な商品が求められています。成分などの基準が
明確に存在するので、大量生産では基準をクリアし、かつ、お
いしさを追求することが難しいのが特徴です。

　少子高齢化という日本の人口構造は、マーケットにも影響します
が、すべてのマーケットが減少していくとは限りません。年齢の高
い世代、特に**60代以上が増えていくにつれ、その世代に必要な商
品のマーケットはどんどん大きくなっていくのです。**

　しかし大手企業は、いまだに20代〜40代の消費者を中心とした
マーケティングを行なっています。それは、コンビニエンスストア
の品揃えを見てもわかることです。

　つまり、**高齢者かつ生活習慣病の予備軍以上**のニッチなマーケッ
トは伸びているマーケットであり、中小企業が狙うべきゾーンとい
えるのです（生活習慣病とは、「食習慣、運動習慣、休養、喫煙、
飲酒等の生活習慣が、その発症・進行に関与する疾患群」のことを
指します。代表的なものとして、高血圧症、糖尿病、脂質異常症が

あり、がんや心臓病の発症の要因になるともいわれています）。

　しかし、このマーケット特有の注意点があります。生活習慣病とその予防向けのカロリーオフ商品や塩分控えめの商品などは、**比較的市場も大きく、**カロリーオフ商品にいたっては、戦いの激しい**ダイエット向け市場の商品と競争する**ことになるので、高粗利で販売していくことはかなり困難なので、ニッチマーケットを選ぶ際に注意が必要です（具体的には3-7で解説します）。

大手よりも中小企業にメリットがある理由

　普通の食品マーケットとの違いでもありますが、「**特定の成分を少なくしても、味はおいしくする技術と生産体制**」は、大量生産を前提とした大手企業にとって苦手なところでもあります。
　味以外でいうと、保存料を使わない場合、製造してすぐに発送するというようなフットワークの軽い体制も大手にはできない部分です。

　小さなマーケット（とはいえ、数億円規模はあります）で手間をかけた生産、細やかな対応力が必要な配送などに対応すれば、競合が少なく、利益率の高いビジネスになるというわけです。

生活習慣病予備軍、介護食商品の特徴

　特に生活習慣病・介護食など、予備軍以上がターゲットの場合は、食品に含まれる数値や形状が購入のポイントになります。

「1食の糖質を○gに抑えないとまずいな」

「たんぱく質が○○g入っているから大丈夫」

「この食品は舌で噛み切れる柔らかさだろうか」

　このように、気にかけている要素や形状を加味して開発し、商品がその基準を満たすようにしなければなりません。

　一般的に認知されているのは下記になります。

・一般的な低糖質の基準は100g中3〜5g

・一般的な低たんぱく質の食事基準は1日30g以下

・介護食品には柔らかさの4段階基準などがある

　前項のお取り寄せマーケットと同様に、一般的なスーパーやコンビにでは、マーケットが小さすぎてほぼ取り扱われません。たとえば、低たんぱく質の主食・主菜、副菜、汁ものの1食分をスーパーで揃えることは、ほぼ不可能です。

　介護マーケットの動向でいえば、今後、**在宅介護が増加**していく傾向があり、介護施設での食事の提供が減ることになります。現在でも、介護食の購入ルートの10％以上が通販からの購入、つまり、専門商社やメーカーからの直販ということで、今後もその拡大が予測されます。

　生活習慣病＆介護食マーケットは、成長性、ニッチ特性、専門食品向き、店舗販売なしという中小企業に向く好条件を満たしているのです。

狙い目な
３つのマーケット③
まだまだチャンスがある
その他食品マーケット

スーパー、コンビニではなかなか売れないけれど、確実に伸びている通販マーケットが4つあります。
①日本古来の食品（納豆、甘酒など、日本由来の健康食や発酵食品）
②家庭で仕上げの調理をする半加工品や素材
③プライベート・内祝いギフト
④業務用・大容量サイズ商品
の商品カテゴリーです。ここもスーパー、コンビニではフォローできていない狙い目のカテゴリーです。

｜「日本古来の食品」は根強いニーズがある

　近年、スーパーから棚落ちした**発酵食品や昔ながらの食品**は通販に向いています。具体例としては下記のような食品です。

・古漬けなどの味も色も濃い漬け物全般
・昔ながらの製法でつくられた藁に入っている大粒で匂いが強い納豆
・玄米を数日寝かせた酵素玄米
・苦みがあり、独特な風味の佃煮

そのほかにも、甘酒、しょっぱい鮭とば、魚のすり身などもあります。狙い目マーケット①のお取り寄せマーケットともかぶる部分もありますが、**産地を問わず売れています。**

家庭ででき立てを食べたいニーズ「半加工品＆素材の食品」

完成品だけでなく、家庭で最後に手を加えることにより、おいしくなったり、アレンジできたり、楽しめたりという**半加工品や素材の商品**も人気があります。具体的には下記のような食品です。

・デニッシュなどの簡単に焼けておいしい冷凍パン生地
・おいしく、栄養素が高くなる家庭用の漬け物の素
・ホームベーカリーの普及により、一大マーケットになったパンミックス粉
・ケーキ＆スイーツの材料や素材
・ヨーグルト製造キット　など

また、近年では甘酒が注目されており、甘酒そのものも通販で売れていますが、実店舗よりも通販で「甘酒の材料＝米麹」が爆発的に売れています。キッチン家電の進化により、家庭でできる調理の幅が広がっており、半加工品と素材食品はさらなる広がりを見せるでしょう。

その大きな特徴として、「**つくってすぐに食べたほうがおいしい**」「**完成品を買うよりもお得**」ということがキーワードになります。業務用

といわれる大容量商品でも、家庭向けに売れる場合があります。家庭の調理器具の発達により、どんどん拡大しているマーケットです。

完成品で差別化できないならば、半加工品＆素材として販売することにより、独自性と利益を同時に追求できる可能性もあります。

◆「甘酒」ブームは通販ビジネスにも及んでいる

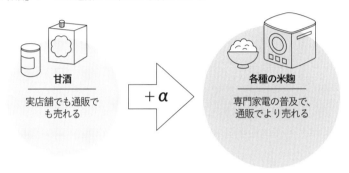

「プライベートギフト」「内祝いマーケット」「業務用サイズ商品」は今後も拡大していく食品マーケット

プライベートギフトとは、**母の日・父の日・敬老の日**などの家庭内の贈り物のこと。内祝いとは、**出産、結婚、香典**などのお返しのことです。地方百貨店やギフトショップの衰退で、通販で購入する人が増えています。

「どこで購入したらよいのかわからない、選べる商品が少ない」という課題により、消費者がネットやカタログ通販に流れています。**家にいながらひと味違う商品を選ぶことができ、のしやメッセージカードをつけて相手先に届けてくれる便利さ**が選ばれている要因です。

また、業務用といわれる大容量商品は、半加工品とタイプが似ていますが、スーパーで売っていないサイズ（たとえば、佃煮１食分パック30〜100個入り、切れ子明太子が２kg、餃子５kgなど）を、自宅まで運んでくれる利便性も含めて、好んで購入する一般消費者がいます。その都度注文する手間と送料がかからない、グラム当たりの単価が安くなるなど、消費者にとってメリットが大きい商品です。

　ここまでご紹介した商品は、今までの商品流通・商品企画・開発の考え方では、出てこない商品だったのではないでしょうか。繰り返しますが、スーパーやコンビニならば、棚にも入れない商品ばかりです。次項からは、通販・直販で売れる商品をつくるための基本的な基準、考え方を実例を交えて説明していきます。

◆プライベートギフト・内祝いでの通販需要が伸びている

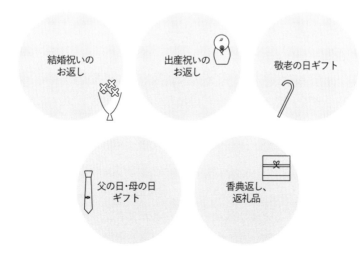

地方の中小食品企業が開発すべき商品開発のキホン

では、実際にどんな商品が通販・直販マーケットで売れているのでしょうか。前提として、地方にある中小食品メーカー・生産者であることが活かせる商品でなければ意味がありません。大手も含む誰もが狙いたい大きなターゲットを設定するのはNGです。自社の強みと消費者に求められている容量などを明確にし、競争の少ないところから攻めていきましょう。まずは、通販・直販で、「売上月間30万〜50万円」が見込めるところからのスタートで十分です。

　商品開発に必須な重要ポイントは次の5つです（矢印は本書の該当項目です）。

①自社と商品の強みを明確にする。強みのある地方、素材、加工技術で勝負する➡3-4、3-5

②競争の少ない食品カテゴリーを狙う。ニッチマーケットでも十分な売上は確保可能➡3-6、3-7、3-9

③競合企業や消費者が求めている商品を調べ、把握する➡3-8

④容量と売価設定を調整し、商品粗利60％以上で企画する➡3-10、3-11、3-12、3-13

⑤最初はパッケージや賞味期限・ロットは気にしない➡3-10、3-11、3-12、3-13

この５つのポイントは、どれが欠けてもいけません。この条件を満たすかどうかで、ヒット商品になるかどうかが決まります。

マーケットが小さいほうが、売上・利益は確保できる

　特に中小食品通販の場合は、「小さなマーケット（カテゴリー）でも、６ヶ月でトップクラスを狙える商品を選ぶ（開発する）」ことが成功の近道です。

　シェア理論でも説明した通り（1-6）、小さなカテゴリーでシェアを確保したほうが中小企業の通販・直販ビジネスの運営として賢いです。たとえば、あるECモールでの狙っているカテゴリーの月間市場規模が月商100万〜300万円として、最大でシェア40％確保するなら、月間売上40万〜100万円が達成すべき売上です（カテゴリーの月間市場規模を調べる方法として、出店する予定のモールへ直接聞く方法があります。また、レビュー数から予測して計算する方法もあります。詳しく知りたい場合は、トゥルーコンサルティングへお問い合わせください）。

　たとえば、おすすめマーケットのひとつとして紹介した生活習慣病予備軍のマーケットを例にあげます。

　成人病予備軍以上で、かつ、自社商品のカテゴリーのみのマーケットなので、マーケット規模は小さくなります。

　しかし、通販なので商圏は全国となり、年間２億〜３億円くらい売れるマーケットではあります。このカテゴリーでシェアを確保したい時の売上モデルは以下のようになります。

> **EC モールで狙える最大売上例**
>
> ターゲット：糖質制限の必要がある病気予備軍＆患者
>
> ・パン系　月商 300 万〜 500 万円以上
>
> ・麺系　　月商 50 万〜 200 万円以上
>
> ・スイーツ　月商 20 万〜 50 万円以上
>
> ・調味料　月商 20 万〜 30 万円以上

これは、単品商品での売上です。ラインナップを増やすことにより、1 カテゴリーで月商300万〜 1,000万円にすることは可能です。

さらに、**商品に求められるのは、「専門性」と「おいしさ」**です。大量生産ではおいしくならない商品ならば、なおベストです。ターゲットを絞り込むことで、必然的に素材・製法・成分についてのこだわりも強くなります。よって、下記が課題となります。

・生活習慣病予備軍の場合、100g 中 3 〜 5g の糖質量、1 日のたんぱく質を 30g 以下にすること

・素材や原材料にこだわっているので原価が高い

・大量生産では、おいしく仕上げることが難しい

・スーパーやコンビニでは棚に入らない、売れない

これらの課題は大手メーカーが苦手分野とする項目です。中小メーカー・生産者だからこそ、製造・生産することができ、企業にとって十分な売上と利益を確保してくれます。自社の強みを活かした素材と加工・生産技術の出番です。

しかも、**競合企業が少ない、場合によってはいないので、売価は好きにつけられ、利益も確保できる**うれしい商品開発になるのです。

◆中小企業が狙うべき商品開発ターゲット

例：「生活習慣病・ダイエット志向」商品に絞り込むためのターゲット設定

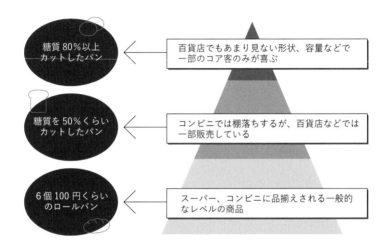

糖質80％以上カットしたパン	百貨店でもあまり見ない形状、容量などで一部のコア客のみが喜ぶ
糖質を50％くらいカットしたパン	コンビニでは棚落ちするが、百貨店などでは一部販売している
6個100円くらいのロールパン	スーパー、コンビニに品揃えされる一般的なレベルの商品

ピラミッドの上部にあるニッチターゲットを狙うのが正解です。マーケットが小さくても、生活習慣病予備軍が必ずほしくなる商品の開発です。しかし、ほとんどの企業はダイエットや漠然とした健康志向をターゲットにした商品開発を模倣してしまい、失敗しています。

通販マーケット 初参戦におすすめ！ 定番の「ギフト商品」開発

通販・直販マーケットに初めてチャレンジする企業、また失敗からの再チャレンジの場合、おすすめなのは「ギフト商品」の開発・販売です。家庭向け商品の購入単価よりも高く設定でき、広告効率も高いことから、初期の立ち上げ期におすすめの商品開発です。ここでは、通販独特のギフトマーケットの特徴と売れ筋商品のポイントをお伝えします。

食品通販のギフト商品には、「**販売チャネルによって売れるギフトが違う**」「**素材により売りやすい時期（ギフトイベント）が違う**」という特徴があります。

特に平常月のマーケットが少ない、嗜好品としての特性が強い商品を扱っている場合は、ギフトマーケットは重要な市場であり、売れる時期には、DM通販もネット通販でも両方で力を入れる必要があります。

販売チャネルでの違いとして、たとえば、**DM通販の場合は、お中元・お歳暮ギフト、お彼岸向けギフト。ネット通販の場合は、母の日・父の日ギフト、敬老の日ギフト**となっています。ネット通販の中でも**自社サイトの場合は特に、内祝い・名入れギフトがマッチ**

します。

　通販・直販全体で伸びているギフトは、プライベートギフトである、母の日・父の日、内祝いなどが大幅に伸びています。また、お中元・お歳暮は減少傾向にありますが、まだまだ大きなマーケットを占めているので積極的に商品開発として狙っていきましょう。

◆食品ギフトマーケット比較表

	通販ビジネスでの成長性	特に売れるチャネル
お中元・お歳暮	△	DM・ネット
母の日	○	ネット
父の日	◎	ネット
敬老の日	○	ネット
バレンタインデー	○	ネット
ホワイトデー	◎	ネット
内祝い（結婚・出産・香典返し等）	◎	自社サイト

ギフト商品の企画開発の手順

　ギフト商品はそれぞれの目的により、単価と購入数が異なります。自社商品の特性、販売チャネルの傾向によりマッチする価格を選定していきましょう。

　たとえば、家族向けギフトは、送料込みで3,000円未満がとても売れます。内祝いは、1商品当たり500〜2,000円が多いのですが、注文当たりの購入数が多いので合計5万円から、多くて30万円の

客単価になることもあります。

　また、ギフトごとに売れやすい食品カテゴリーがあります。
　当然ですが、扱う商品により、どのギフトイベント時期の売上が
大きくなるかは変わります。

母の日：スイーツ、菓子、お茶
父の日：魚（鰻など）、酒、おつまみ
敬老の日：和菓子、お茶、そば
お中元：6 〜 8 月に季節性が高いギフト商品全般
お歳暮：11 〜 1 月に季節性が高いギフト商品全般
手土産：年末年始、その他挨拶時に持つ菓子などの日持ちする
　　　　もの・軽いもの、2,000 円以下

　当然ですが、扱う商品により、どのギフトイベント時期の売上が
大きくなるかは変わります。
　その他、ギフト商品の特徴の一例をあげます。

・母の日は、花とのセットが売れる
・内祝いはプチカスタマイズができると売れる（名入れなど）
・バレンタインデーは本命と義理というセグメントで商品が異
　なる

　ポイントを押さえた商品開発をすれば、通販ビジネスの初期段階
として、売上がつくりやすいのがギフト商品です。

◆食品ギフト商品の分布図

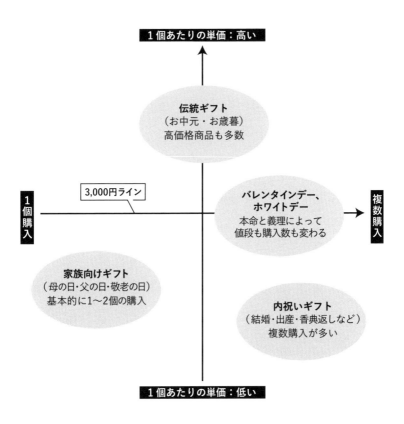

▶まとめ：ギフト商品開発ポイント

・イベント価格の設定
・イベントごとのセット構成（花、名入れカードなど）
・高級イメージのある素材一部導入

食品通販で売れる商品開発：
「お取り寄せ」
ヒット商品開発事例

地方の食材は、多種多様で地域性もあり、宝の山です。しかし、スーパーやコンビニなどの一般流通では、通り一遍の代わり映えしない商品しか仕入れることができません。価格が少し高かったり、知る人ぞ知るという商品は売りにくいのです。
ここでは、品質がよいもの、地域や専門企業でしか扱えないものを、いかに通販・ネットで売れる商品にしていくかを説明します。

　まずは、「**スーパーやコンビニ、百貨店では、数品しか置いていない、または、置いていない商品**」が通販では売れるという前提を再確認しましょう。

　ひとつの例として、「マグロ」という商品をお取り寄せマーケットで売れるようにするための商品開発のポイントを解説します。

　ここで参入すべきではないのは、「バチ」「マグロ赤身の柵」「切り落とし」です。これらは激安ならば売れますが、通販ではまず売れません。

　実際にマグロをネットで販売した結果として、

・大トロ　◎

・ネギトロ・中トロ　○
・赤身　×（激安ならば売れるが利益は出ない）

という結果が出ました。

　当たり前ですが、**お客様は近くで購入できるものは安くなければ買いません。**赤身や切り落としは、スーパーでも手に入る商品なので、わざわざお取り寄せしてまで食べたいと思わせる商品ではないのです。

近所のスーパーで売っていない商品をつくる

　繰り返しますが、キーワードは、「スーパーで売れないもの、品数が限られているもの」です。
　その他の食材だと、

・和牛の切り落とし、ハンバーグ、すじ肉など
・馬肉、羊肉
・カニ全般
・のどぐろなどの高級魚の干物や加工品
・しょっぱい古漬け、色の濃い漬け物
・品種がワングレード上の果物や野菜（マンゴー、安納芋、「インカのめざめ」等）

などなど、あげたらきりがありません。

地域の食品メーカー・生産者が有利な理由は、希少な部位・品種・加工品が手に入ることです。しかも、それをお値頃価格で提供でき、その上、大手では効率が悪くて取り扱えない数億円規模の売上で十分なメリットになることなのです。

◆例：「マグロ」の売れ筋商品

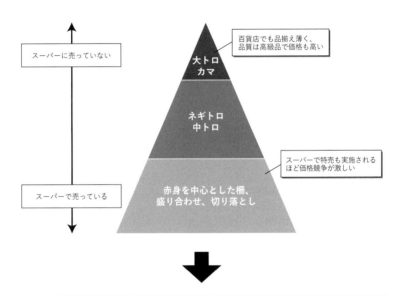

▶売れ筋の結論：実際に売れた商品は「大トロ」
・きれいな柵ではなく、不揃いのブロック
・品種は、2大ブランドの本マグロ、または、南マグロ
・原価を抑えるため「皮つき」「骨つき」「多少の汚れ」はOK
・容量は、100gや200gではなく、500g～1kgなどの多め
・粗利60%以上の設定価格でOK

食品通販で売れる商品開発：「生活習慣病・健康志向」ヒット事例

次に、成長著しい生活習慣病マーケットの商品開発について解説します。このマーケットで多くの企業が間違える点として、大手も含めて誰もが狙いたいカロリーオフ（ダイエット）や減塩という大きなキーワードだけで打ち出していることです。最近は、スーパーやコンビニでもカロリーオフ商品を扱っている店が増えてきていますが、まだまだ消費者の要求を満たすまでの品揃えはできていないのが現状です。

前述しましたが、このカテゴリーで商品開発する際も、年間数億円規模レベルのニッチなターゲット・マーケットに絞り込むことが大切です。

特にネット通販の場合は、「**小さなマーケット（小さなカテゴリー）でも、販売した瞬間、トップを狙える場所**」を選ぶことが成功の近道だからです。

例として、「生活習慣病・健康志向」のカテゴリーで絞り込むためのターゲット設定を解説します。

ここで決してやってはいけないのは、「単に美容・ダイエット向けの商品をつくろう！」という考えです。このざっくりとしたターゲットは、大手を中心にいろいろな企業が魅力を感じて参入をして

います。

　具体的には「○○ダイエット」「カロリーオフ△△」「コーラゲン入り」というキャッチフレーズの商品では失敗します。この手の商品は、大手企業がお金を使い、広告投資をしてブランドを広げ、営業力と低価格設定でスーパーやコンビニの棚を押さえにいくという売り方をしています。これでは、中小メーカーは対抗できませんし、差別化要素も伝えきれないでしょう。

　狙い目は、数値の気になる予備軍や本気で食事制限をしなければならないアスリート等のターゲットです。
　糖質ならば「100g中3〜5g以下」、たんぱく質ならば「1日30g以下」という制限を実践しているゾーンです。必要とする人はそれほど多くないのですが、必要な人にとっては欠かせないものです。しかも、今のマーケットでは、販売している場所も限られており、味の面でも妥協している商品（おいしいとはいえない商品）が多いのが現状です。
　本マーケットに大手参入がない理由として、

・糖質100g中3〜5g以下、低たんぱく質の商品開発の難易度が高い
・大量生産の規模がある商品ではない。そもそも向いていない
・おいしく仕上げることが難しい（少量生産、技術的な問題）
・大手メーカーが狙うほどの市場規模がない

ということがあります。

おすすめの商品カテゴリー

生活習慣病の中でもおすすめの開発ターゲットとしては、

・糖質制限商品（メタボリックシンドローム・糖尿病予防）

・低カリウム商品（腎臓病予防）

・低たんぱく商品（腎臓病予防）

の3つになります。

各食品カテゴリーだけを考えると規模が小さいのですが、ネット通販では商圏を全国まで広げることができます。

その他、健康志向の商品開発ターゲットして次の例があります。

・小麦粉不使用（できればグルテンフリー）

・白砂糖＆添加物等不使用

・ヴィーガン専用商品（肉等を使用していない）

・ハラル認証商品（イスラム教徒向け）　など

ターゲットが少ない商品でも全国販売（通販・直販）することにより、1品につき年間売上数千万〜1億円の可能性を持っています。

ここでも、「対象人口の少ないターゲットに絞り込むこと＝大手が苦手なターゲットを選ぶこと」が肝です。

◆例：「生活習慣病・健康志向」の売れ筋商品

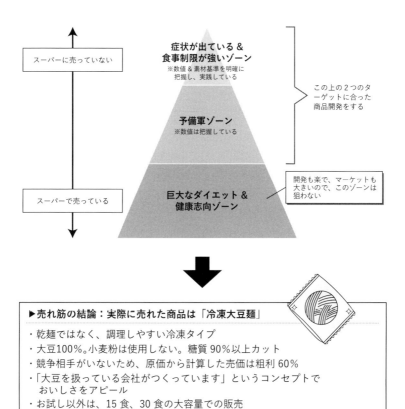

▶売れ筋の結論：実際に売れた商品は「冷凍大豆麺」

・乾麺ではなく、調理しやすい冷凍タイプ
・大豆100％。小麦粉は使用しない。糖質90％以上カット
・競争相手がいないため、原価から計算した売価は粗利60％
・「大豆を扱っている会社がつくっています」というコンセプトで
　おいしさをアピール
・お試し以外は、15食、30食の大容量での販売

市場のニーズと
競合の把握で成功確率を
３倍にする！

商品開発はメーカーにとって重要な事業である一方、なかなか思いきった新商品を生み出せない場合が大半です。しかし、世の中のニーズがある程度把握できて、売れている商品が何かがわかると、商品開発の成功確率は格段に上がります。また、情報の把握が正確にできると、伸びてきている次のマーケットの予測までできるようになります。

同業他社・同一素材の売れている商品を調べる

　現代は情報に溢れており、いかにその情報を活用するかという点が重要になっています。ＥＣモールのメインである「**楽天市場**」「**アマゾン**」は、食品マーケットで大きなポジションを獲っています。**そこで売れている商品こそが、ネット通販の売れ筋**といっても過言ではありません。

　売れ筋商品を調べるのにもっともわかりやすい方法は、自社で扱っている**商品カテゴリーのランキング**をチェックすることです。次に、モールごとの**検索窓で商品キーワードを検索した際の上位商品（特に１ページ目）にある商品**が、ずばり売れ筋です。

また、ＤＭ通販など50代以上をターゲット対象とした商品については、**全国紙の下部に載っている広告や折り込みチラシが売れ筋**商品のヒントになります。特に継続的に広告を出している商品は、ビジネスとして採算が取れている証拠なので、十分に開発のヒントになります。

　それらの媒体から、**素材、開発技術、形態・形状、容量、価格**などは、単純に把握と比較ができます。

　自社で開発予定の商品が、ランキングや検索の上位にある商品と同レベルの商品、またはワンランク上の差別化ができるならば、開発も終盤です。売れている商品よりも、よりよい商品が開発できるならば、もうそれをつくるだけです。

◆売れ筋商品をチェックする

ECモールのランキング表示

新聞広告・折り込みチラシ

競合状況を把握する

　先ほどのランキングや検索順位、新聞広告や折り込みチラシなどで競合がどこなのか把握できるのですが、もうひとつ、重要な開発のヒントと競合の状況を知る方法があります。

　特にＥＣモールでは必須になっている「**お客様の声＝レビュー**」コンテンツです。

　レビュー数は購入に比例して増えていく傾向があります。また、点数（星の数など、５段階になっている場合が多い）により、よい感想も悪い感想も見ることができます。

　ここで把握できることは、２つです。

　１つ目は、

「お客様はその売れ筋商品に何を期待しているのか？」

　です。レビューには、購入後の不満も書かれているので、どの部分に期待して購入したかがわかります。

　２つ目は、

「競合の販売状況とそのモールでのポジションの状況」

　がわかります。

　レビュー数は販売数に比例するので、多い場合はそれなりに販売力があり、マーケットのポジションを抑えている可能性があります。

　また、ネット通販の特徴として、レビューの件数と得点が高い商品は、お客様が集まりやすい検索上位に表示されるというアルゴリズムで設定されている場合がほとんどです。ですから、新商品を発売しても、競争でシェアを獲っていくまでには時間がかかるかもし

れません。相手が強すぎる場合は、別のポジションを獲る商品企画などの検討も必要です。

このように競合を知ることにより、商品開発にも販売戦略にもヒントが得られるのです。

▌次に来るニーズや商品を予測する

検索結果やレビューからは、「今、伸びてきている次のマーケット」を知ることもできます。

たとえば、「食パン」のランキングや検索結果を調べてみると、「米粉食パン」がいくつも表示されます。しかも6枚切りで1,000円以上する高額商品です。

商品説明やレビューを見てみると、「小麦粉アレルギー」「グルテンフリー」「米粉の食感が好み」などの顧客が購入していることがわかります。数年前から徐々に商品が増えてきており、**定期的に検索結果を見ていたからこそ、ニーズが増えていることが把握**できました。

さらに、人気急上昇の商品は検索窓の「**サジェスト表示**」からも予測することができます。

サジェスト表示とは、検索する時に検索窓にワードを入力すると、予測のワードが出てくることです。これは、検索している人が多いワードが上位に出てくるようになっており、楽天市場もアマゾンも同様の機能を持っています。

たとえば、「米麹」と検索した場合の例です（次ページ図）。

◆「米麹」の検索結果

　サジェストワードのうち、「白雪」「みやこ」は、ブランド名です。その他は、開発のヒントになるワード、または、今後ニーズが顕在化してくるであろうワードと推測できます。

　つまり、「乾燥していて、無農薬で、有機で、砂糖不使用の甘酒に使用できて、1パック500ｇ」であれば、売れる可能性が高いということになります。

　今、地方の中小食品メーカー・生産者に求められていることは、専門性の高い商品・食材です。顧客のニーズを正確に把握できていれば、ヒットの確率が格段に上がることは間違いありません。

商品開発に難航した時のカテゴリー転換による商品開発のポイントと実例

ここまで、開発の考え方、ニーズの把握の仕方などを説明してきましたが、それでもなかなかヒット企画が見つからない食品・素材があるのも事実です。たとえば、今ではヒット商品が見つかっている「味噌」「しょうゆ」「酒造」は、商品開発時には決め手となる特徴が見つけにくかった食品でした。本項では、この例を見ながら考えていきましょう。

ヒット企画が見つかりにくい場合は、下記の3つのポイントを再度考えてみましょう。

【商品開発でヒット案が見つからない場合の考え方】

❶ ギフト企画を行ない、伸びているギフトマーケットを狙う

❷ 小口法人通販マーケットを狙う

❸ カテゴリーを変更する

それでは、ここから「③カテゴリーを変更するパターン」で成功した事例を紹介します（①②については別の章で後述します）。

例：味噌・しょうゆメーカーの場合

　味噌・しょうゆのカテゴリーは、もちろん「調味料」です。古来食品であり、発酵食品でもあるので、マーケットの規模はありそうですが、すでにコンビニでも売られており、スーパーでも複数の種類を品揃えしている場合が多いので、よほどの差別化できる特徴が必要な商品カテゴリーになります。

　一方、食卓の味噌・しょうゆ離れが進み、マーケットは縮小傾向です。ネットでも、トップＥＣモールの売上を調査した結果、月商500万円以下の市場規模しかないことがわかりました（マーケット規模が月商500万円以下の場合、１品の売上最高額は50万円前後となります）。

　これに加えて、そもそも大豆や味噌の原価が上がっており、儲かりにくくなっているという現状があります。

　ここまでの理由から、たしかに、なかなか商品開発のアイデアが見つけにくい商品ということがわかるでしょう。

◆味噌・しょうゆマーケットの現状

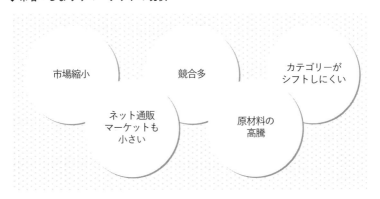

自社商品を発展させて別の商品を企画する

しかし、通販マーケットのランキングや売れ筋、その他の調査結果を注意深く見ていくと、実は眠っている可能性が浮かび上がってきました。

味噌・しょうゆが元々持っている強みとしては、「**大豆を主原料としている**」「**発酵技術がある**」「**基礎調味料である**」という3点であることがわかりました。

大豆と発酵技術は、世の中の食品ニーズにマッチします。

基礎調味料であるということは、商品開発において、ほかの商品の味つけを決める基礎にもなるといえます。つまり、**味噌・しょうゆを完成品としてではなく、自社の調味料を使って別の商品をつくることができる**ということです。

次ページ図の商品は一例ですが、実際に開発されてよく売れています。すでに3,000万〜1億円ほど狙えるマーケットとなっており、しかも競争相手も少なく、粗利率も高く、継続性のある商品カテゴリーへと展開しています（事実、甘酒とフリーズドライ味噌汁は市場が大きくなりすぎている傾向にあり、中小企業が狙いにくくなっています）。

もちろん、味噌・しょうゆそのもので勝負できる場合はそのままでもよいですが、素材を持っているという強みを活かして、マーケットに合わせて、違うカテゴリーにチャレンジしていくこともおすすめします。

◆味噌・しょうゆメーカー「強み」からの開発例

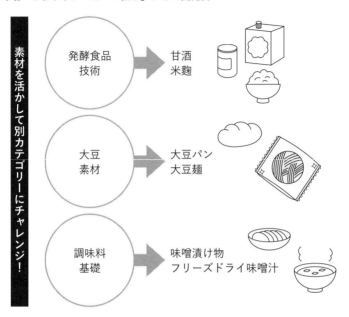

素材を活かして別カテゴリーにチャレンジ！

発酵食品
技術 → 甘酒
米麹

大豆
素材 → 大豆パン
大豆麺

調味料
基礎 → 味噌漬け物
フリーズドライ味噌汁

「初回お試し販売」と
「リピート販売」にチャレンジ
して売上を伸ばそう

ここまで商品の開発方法、売れ筋とニーズの把握の仕方などを解説してきましたが、次に必要なのは「通販・直販で売れる商品構成」です。既存チャネルでは、業界ごとに平均的な商品容量が決まっており、単体以外ではセット販売や詰め替え販売くらいしか売り方のバリエーションはありませんが、通販ではいくつかのパターンがあります。

┃ 初回お試し販売のポイント

通販の場合、商品を実際に手に取って試してもらうことができないこと、そして、いまだに品質が劣る商品を販売している業者も多いことから、お試しという目的を持った商品にニーズがあります。

【お試し商品で成功するための商品企画ポイント】
・基本は送料込み：「2セット以上で送料無料」などでもOK。
　2〜3セット以上の購入を促進することで客単価を上げることもできる
・モデル客単価：麺、スイーツ、菓子など　1,000〜1,980円
　肉、魚など　1,980〜2,980円

> ・お試し商品の販売だけではあまり儲からないので、その後の「リピーター獲得」の流れが非常に大事
> ・商品例：塩鮭のお試しセット、甘酒のお試しセット　など

　各商品カテゴリーやネットモールごとに、お試し商品の「値ごろ価格帯」があり、送料負担金額も踏まえて最終の商品企画を決めていきますが、基本的な考え方は上記の通りです。

リピート販売のポイント

　通販に限らず、すべての商売全般にいえますが、リピーターが増えることで利益が増えます。

　後の章でもリピーターについて詳しく説明をしますが、100人のお試し購入があったとしたら、30人以上は再購入をしていただける商品にする必要があります。

> 【リピート販売で成功するためのポイント】
> ・基本は「お試し商品」で試してもらった商品をメインにリピートしてもらう
> ・客単価：麺、スイーツ、菓子など　3,000 〜 4,980 円
> 　　　　　肉・魚など　4,980 〜 5,980 円
> ・お試しセットの大容量、お試し商品が入っているセット商品が売れる
> ・定期販売や頒布会でも効果が高い
> ・商品例：明太子2kgセット、冷凍パン大容量セット、お肉切り落としセット　など

通販では、スーパーや百貨店で購入するよりも、「大容量」が売れます。お試し購入で気に入ったお客様は、明太子は冷凍で1～2kgは普通に購入しますし、冷凍パンも1ヶ月分の30食分、冷凍刺身は500g～1kgが平均で売れています。その理由として、購入時には送料がかかる、家庭用冷凍庫の容量レベルが上がった、チルド物流の発達など、たくさん買っておいたほうがお得になるような環境になったからです。

　販売者側としても、送料という大きなコストを考えた時、大きな単位で購入いただけるのは収益としても大きな改善につながります。
　1単品の売価100円でも50個入りの大容量商品を企画すれば単価は5,000円となり、リピート商品としての役割を達成できます。

　お試し商品購入から、リピート商品までの流れをきちんと計算して利益が出るように商品構成を設定していきましょう。

◆リピート客を着実に増やして売上・利益を安定させよう

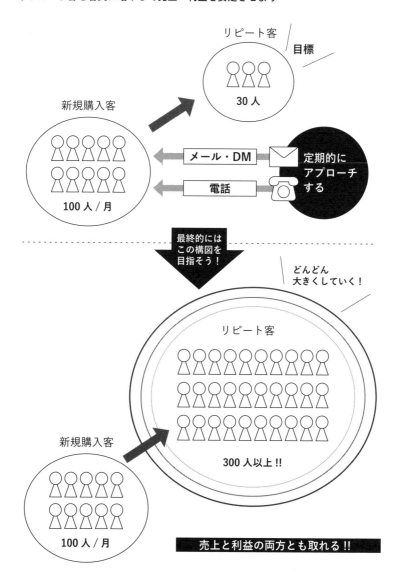

「定期販売」
「頒布会」で、安定した
販売をしよう

リピーターに再購入をしてもらうことが重要な通販ビジネス。前項のリピート販売も重要なのですが、もうひとつ、通販独特の販売手法があります。

サプリメントなどでは多いのですが、毎月同じ商品が届く「定期販売」、そして、季節商品や違う商品が届く楽しみのある「頒布会」というものです。これらは特に食品通販で通用する販売システムであり、成功すると抜群の事業数値になる重要な方法です。

「定期販売」と「頒布会」に共通する特徴は次の通りです。

・LTVが通常の３倍以上！　早期立ち上げが可能
・通常購入よりも、多少の値引き、限定商品が入っている
・送料が無料などの特典が多い
・購入解約の方法は、３ヶ月継続などの期限つきの型や、いつでもやめられる型の２パターン
・しっかりとした販売形式の説明がないとクレームになりやすいので注意

　２つの販売方法の違いについては、次ページの表をご覧ください。私の経験上、どんな食品でも定期販売・頒布会の導入が可能だと

◆定期販売と頒布会の特徴と違い

	特徴	向いている商品
定期販売	毎月、同じものを一定量、お届けする	毎日、毎月、食べるもの、主食など 例：米、パン、麺、美容ドリンク、健康食品など
頒布会	毎月、違う商品・セットを定期的にお届けする	季節性のあるもの、選択肢が多い商品 例：果物、野菜、肉(部位ごと、馬刺しなどの手に入らない種類)、魚惣菜、スイーツなど

判断しています。

　お客様にはDMチラシ（カタログ）やウェブページで訴求していきましょう。

　この販売方法は、企業側にとってメリットが大きい方法です。ある食品企業では、定期販売・頒布会を実施したところ、実施前と比べると、約3倍以上のLTV（顧客生涯価値）になり、利益が格段によくなりました。

　注意点としては、商品や購入条件の説明が必要であること、販売方法が複雑であることなどがあります。特にお年寄りでも理解できるように説明をわかりやすく工夫する必要があります。

　しかし、しっかりとした準備を行なっていけば、一気に飛躍できる通販独自の販売手法です。

◆定期販売と頒布会の販売事例

【定期販売の実例】

| パンの
定期コース
 | ・パン通販企業が導入
・1回（月）で届くのは、30個入り5,000円前後
・主力商品のロールパンのみの商品と、その他を
　組み合わせた商品を用意
・年間売上6,000万〜1億円以上の実例がある |

| ドリンク
（健康系）の
定期コース
 | ・健康ドリンク（豆乳・青汁など）のメーカーが導入
・1回（月）で届くのは、30本入り3,000〜5,000円
・「1日1本飲む」という設定
・年間売上3,000万〜3億円以上の実例がある |

【頒布会の実例】

| フルーツの
頒布会
 | ・フルーツ通販企業が導入
・1回（月）3,000〜5,000円のセット商品
・旬のフルーツと加工品のセット
・年間売上3,000万〜1億円以上の実例がある |

| 馬肉・その他
肉の頒布会
 | ・畜産・牧場通販企業が導入
・1回（月）5,000円以上のセット商品
・メインの部位と特徴のあるその他部位のセット
・年間売上5,000万〜1億円以上の実例がある |

◆モデル事例

【食肉関係の頒布会モデル】

・鴨肉、冷凍馬刺しなどを通販で販売
・新聞テレビを中心に新規客を獲得し、
　売上１億円以上を上げている企業も存在している

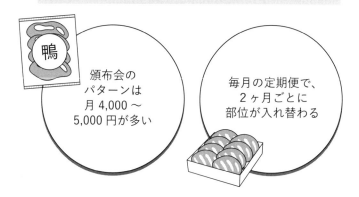

鴨

頒布会の
パターンは
月 4,000 ～
5,000 円が多い

毎月の定期便で、
２ヶ月ごとに
部位が入れ替わる

【冷凍弁当・冷凍おかず定期販売のモデル】

・１～２週間単位で客単価 7,000 円以上
・年間 LTV10 万円以上という効率のモデル
・年間 10 億円以上を通販・直販で売っている企業が
　多数存在するモデル

特徴のあるお弁当
（低糖質、介護用など）
を１食 700 円前後、
５～７セット
売り

低糖質

冷凍おかず
（無添加、お手軽）を
１食セット × １週間
などで 4,000 円から。
月 7,000 円以上
が主流

おふくろの味

無添加

通販で売れる商品開発には「真逆の発想」が求められている

ここまで、既存の商品開発との違いを説明してきましたが、本項ではより具体的な違いと注意点をお伝えします。大きな違いは、「店舗に並べるためにつくっているか、家に届くことを前提でつくっているか」です。これがわかれば、開発スピードを速めることができ、かつ、余計なコストをかけずに済むので、利益も確保できるようになるでしょう。

一般的に商品開発の常識として、「欠品はダメ。最低6ヶ月の日持ち。選ばれるためにパッケージはコストをかけて大量ロットでの発注をしなければならない。商品棚で並んでいるものと価格比較されるので、売価も容量も業界の標準から逸脱できない」というのが普通ではないでしょうか？　しかし、直接販売をしていく場合、すべてが逆になるのです。

欠品・数量限定でもよい

通常、店舗で欠品した場合、どうなるでしょうか？　次の仕入れ時期に再度来店していただかなければなりません。しかし、お客様がそのことを覚えていてくれるかわかりませんし、他店舗に在庫が

あったらそちらで購入するでしょう。

しかし、通販の場合は「特徴のある商品」「このサイトからしか買えない商品」を扱っているので、欠品をしたら「予約販売」という売り方が可能になるのです。

または、たとえば「毎週金曜日に50セット販売可能」ならば、お待たせしているお客様に次の金曜日に先約優先できるようにしておくのです。さらにそれをウェブ上で、「何月何日分、残〇個」などと可視化しておくと、「予約しておかなくては」という心理が働き、予約が埋まっていきます。

"手に入りにくい"という状態が逆に、商品の価値を上げたという企業の実例もあります。

初回ロットは少なくていい

スーパーなどへの卸売で販売していた時は、どの程度売れるかわからない（売ってみないと数の把握ができない）がゆえに、大量の在庫を抱えなければならないのが経営の負担になっていました。

一方、通販では極端なことをいえば、**サンプルロット程度で十分**なのです。在庫10〜30個でも、まず、販売してみて市場の反応を見ることが可能なので、気軽に参入できる売り方なのです。

過剰なパッケージはいらない

究極をいうと、**商品の表面に、ブランド名と商品名シール。裏面に成分表のシール。**これがあれば、ギフト以外の家庭用商品の場合は十分です。

パッケージ制作も新商品を開発する時にネックになる要素で、万単位のパッケージロットが必要でしたが、シール対応のみならば、10個でも20個でも大した手間とコストをかけずに、販売することが可能です。

お客様が商品を選ぶ時の決め手となるように、DMやサイト上には、すぐに食べたくなるようなおいしそうな写真をメインで掲載しましょう。パッケージは購入の決め手にはならないのです。

日持ちはしなくていい

スーパーなどに納品するには、「6ヶ月以上の賞味期限」などの比較的長い期限が必要になる場合が多いです。つまり、製造して卸の倉庫に入り、輸送されて店舗の倉庫に入り、陳列されて、顧客が購入するのを待つ、という流れなので、その期間が必要なのです。

しかし、通販の場合は、無添加や素材自体を活かした製法を採用した結果、**賞味期限が1ヶ月以内になっても、鮮度や希少性が評価される**のです。

私の経験で、もっとも短かったのは、和菓子の商品で、「届いた日の夕方にはお食べください」という商品でした。しかし、お客様の支持を集め、しっかりと売上を伸ばしています。

容量は業界標準でなくていい

これもスーパーなどの棚では比較されることも多く、また、バイヤーなどがこだわっている場合が多いポイントです。

実は、消費者からの目線では、業界の一人前は量が多すぎる場合

が大半です。一人前の麺の量、1パッケージの量は20〜30％減らしても影響が出ないのが実情です。

食品の場合、それくらいの量を減らすと、大幅な利益改善ができ、よりよい品質・素材などを提供していくことが可能になります。

また、短期間でリピートする商品の場合は、業界標準を大きく超える大容量でも売れるのが通販です。

【まとめ：型破りな売れる通販商品の具体的なポイント】

・欠品・数量限定でもよい

・初回ロットは少なくてもいい

・パッケージはいらない

・日持ちしなくてもいい

・容量は業界基準でなくていい

これらの5つの特徴を反映していくと、商品開発に対するハードルがかなり下がったと思います。

欠品してもOKなので、無理な在庫を持つ必要もなく、テスト販売ができる。パッケージがなくても可能なので、ロットも少なく、コストも安い。賞味期限が短くていいので、余計な商品テストも少なくて済む。また、容量を売り手が設定でき、利益も大きく得る可能性がある。通販に向く商品はいいことづくめです。

これらのメリットを考えると、中小食品メーカーは、通販専用の商品開発をするべきだとおわかりいただけるでしょう。

売価設定は
自信を持ってつけること。
商品売価は会社価値でもある

商品開発の最後に、売価の設定について解説します。本書は中小企業向けの内容なので、いきなり50億や100億円などの売上規模を求めていくことには不向きです。しかし、大手メーカーよりも企業利益を高めていくことは当然できます。大手企業との販売チャネルの土俵、そしてターゲットを変えていくことは、利益をきっちりとれる「売価設定」が重要になってきます。さらに、売価は企業価値を反映しているものと考えましょう。

「売価が企業利益と企業価値を決める」といってもいいくらい売価は重要な要素です。

　"業界標準だから"という決め方をしている限り、永遠に価値ある企業にはなれません。価値ある企業とは、食品メーカーでいえば、消費者から「○○ならば、あなたの会社の商品だよね」といってもらえることです。

　では、売価はどのように決めていけばいいでしょうか。

【企業価値を表わす売価。常識の３倍にするための要素】

・グラムあたりの売価を通常の３倍にする

・業界基準の容量を変える（減らす、増やす）

・商品粗利 60 〜 80％

> ・上限売価の設定は、商品ポジションと自社の意思で決める

　スーパーなどの既存チャネルを脱却し、直販比率を上げるために
も、売価の発想の仕方を変える必要あります。業界標準である１食
あたりの容量、１グラムあたりの原価、パッケージ等の間接コスト、
販売するターゲットを変更した例が下記の図です。

◆「そば麺」の事例

	従来品	開発した新商品
容量	100 g	**70 g**
１gあたり原価	0.5 円	**1 円**
１商品原価	50 円（乾麺）	**70 円** **（そば粉の割合比率を上げて、生や半生タイプにした）**
売価	100 円	**280 円**
粗利	50％	**75％**
販売チャネル	スーパー	**通販・直販**
ターゲット	一般	**味や素材にこだわりを持った中高年**
パッケージ	ロットが大きな一般的パッケージ	**デザインは求めず、シンプルでわかりやすいものに**
品質保持	最低６ヶ月から	**３日から**

　従来品とは、原価と売価、ターゲットの考え方がまったく違うこ
とがわかります。このような商品はスーパーやコンビニでは売れま
せん。自社の商品をわかってくれる人だけを対象とするので、可能
な商品づくりです。

ターゲットの違いによる適正売価とは

　また、同じ商品だったとしても、**どの層をターゲットにするかで、**「適正価格」や「値ごろ感」を感じてもらえる売価は変わります。中小企業がわざわざ、スーパーの下段で売られる商品をつくる必要はないのです。せめてスーパーの上段、または、百貨店で売れる商品を目指すべきです。

◆ターゲットを変えれば売価も変わる

例：食パン

	一斤の売価
一般消費（スーパー、コンビニ）	100〜198 円
高級消費 （素材にこだわり、おいしさを追求）	300〜500 円
大型一斤 （大きいサイズの需要に応える）	1,000〜1,980 円
生活習慣病・予備軍の人向け （サイズを小さくして、素材・おいしさを追求）	1,000〜1,500 円
ギフト	手土産 1,000〜2,000 円 お中元・お歳暮 3,000〜5,000 円

いかに高く買ってもらえるか？
最上限価格を見定める

　業界標準に合わせる。価格を下げて売る。はっきりいって、これらは誰でもできます。

　1円、5円の売価を上げるたけで、いかに自社の収益性をも上げ

ることになるか。**一般よりも高い売価をつけることで、企業として
の商品への真面目な姿勢を提示するのか。**これらは想像以上に影響
力があります。

　外部市場へだけでなく、最終判断をした経営者の意思でもあるの
で、従業員への意思表示にもなるのです。

　チャネルとターゲットを変え、直販比率を上げることにより、別
格の売価設定が可能になることを念頭に置き、再上限価格を見定め
て決定することは、経営者にとって重要な役割のひとつといえます。

　もっとも価値を認めてくれるターゲットに売ることに決めたなら
ば、思いきった売価設定をチャレンジしてみてください。

4章

必ず見つかる！
地方発の自社商品が売れる
チャネルの見つけ方

はじめの一歩
自社で売りたい商品は本当に
市場に受け入れられるのか？

成功の80％を決める販売チャネル、つまり店舗でいうところの立地の選定。特に通販ビジネスでは、販売場所（チャネル）により、客層も売れる商品も、競合もまったく異なることが多いです。本章では可能な限り、自社の強みを活かせるニッチな販売場所、ポジショニングの見つけ方を紹介していきます。

　成長著しいネット販売マーケットですが、参入するにあたって、売れるかどうかの判断ができるテスト販売の仕方を説明します。テスト販売をしてみて、基準を超える数値を出した商品があれば、成功する確率は大幅に上がります。テスト販売は低コストであることと、スピードが肝となります。

おすすめのネットチャネル「アマゾン」

　販売開始までの時間、コスト、競合状況、成長性から考えた場合、アマゾンは中小食品メーカーにとって最適な販売チャネルです。
　ＥＣモールとしては、楽天市場と並ぶくらいの規模であり、極端な話、1商品からでもチャレンジ可能であることもテスト販売しや

すいといえるでしょう。

　また、楽天市場などよりも歴史が浅く、食品マーケットの成長がはじまったばかりなので競合も少ない点も魅力的といえます。

【アマゾンマーケットでのテスト販売の概要】

　コスト：システム料 5,000 円／月

　　　　　売上に対して 10%の販売フィー（手数料）

　　　　　アマゾン内広告費として 3万〜5万円

　用意するもの：商品画像、関連画像を 7 枚ほど

　　　　　　　　商品説明テキスト　など

　→早ければ、数週間で販売開始が可能

┃ テスト販売の結果の判断基準

　アマゾンで数万円の広告をかけながら集客して、販売をした結果の数字で、その商品がそのチャネルで成功するかがわかります。

　食品の基準数値としては次の数値を見てください。

・CVR（Conversion Rate）＝顧客転換率。閲覧から購入や申し込みなどに至った割合が5〜7％以上（アクセス数÷受注数）
・ROSA（Return On Advertising Spend）＝広告費用の回収率・費用対効果が300％以上（広告費÷売上）

アマゾンでこれらの結果が出た場合、継続的に育成＆売上拡大を狙えるニッチカテゴリーでの一定シェアが確保できる商品ということができます。

　テストで「いける！」とわかった場合、ニッチカテゴリー商材であっても、無理せず売上育成とチャネルを増やすことが大切です。
　単品の月間売上として、次のような金額が見込めるでしょう。

・楽天市場　50万～150万円
・アマゾン　50万～150万円
・Yahoo! ショッピング　25万～75万円

　各モールに出品すれば、トータル月商150万～350万円の売上が可能になるのです。

　「テスト販売しても1～2個しか売れない」場合は、その販売チャネルが向いていないとわかります。やはり、ニーズがない商品は、テスト販売でもまったく売れないものです。
　3ヶ月のテストで、コストが10万～30万円ほどかかりますが、テスト販売せずにスタートするよりはリスクは低く抑えられます。
　売れない場合、競合で売れている商品や消費者ニーズを再確認したのちに、商品企画を再度行ない、小ロットでのテスト販売を繰り返しやっていくことをおすすめします。

　各コストや最新のフィーなどについては、トゥルーコンサルティングの右記サイトを確認してください。

シニア層での
テスト販売
チャネルと基準

50代〜60代以上のお客様を対象とした直販で、売れるかどう
かの判断ができるテスト販売を説明します。テスト販売をして
みて、基準を超える数値を出した商品があれば、ネット販売同様、
成功する確率は大幅に上がります。また、可能な限りコストを
かけず、繰り返し行なえる点も重要です。ひとつの商品が基準
値をクリアした場合、継続的に売上を拡大できる点もポイント
です。

シニア層へのはじめのテスト販売で
おすすめは「新聞」

新聞といっても部数の小さな地方新聞やフリーペーパーなどは1部
あたりのコストや拡大性を考えるとテスト販売には向いていません。
全国紙かそれに準ずる地方新聞が、テストチャネルとしては最適
です。

50代以上の層ではネットで食品を購入する方も増えていますが、
でもやはり、ネットで購入していないマーケット規模は大きいです。

商品カテゴリーによっては、ネット購入よりも大きなマーケット
であることが多いですし、1品からチャレンジ可能で、凝ったパッ
ケージが不要な点もはじめやすいポイントです。

また、ネットのように価格競争をしなくてよい点、新聞を家庭で購読している世帯なので、比較的生活スタイルに余裕があり優良な顧客になりやすい点も魅力的といえます。

【大手新聞（地域版）でのテスト販売の例】

コスト：掲載料1回10万円前後（半5段サイズ・白黒の紙面レイアウト代込み、発行部数60万〜80万部程度）

注文方法：電話が中心。社内で受けるか外部委託するのが一般的

用意するもの：商品画像等1〜2枚、商品説明テキストなど

→早ければ、1ヶ月でテスト販売開始が可能

新聞でテスト販売した場合の判断基準

大手新聞などで掲載料10万円程度で1回実施した場合の結果からその商品が成功するかどうかがわかる目安をお伝えします。

食品の基準数値としては次の数値を見てください。

・注文数30件以上（客単価2,500円以上）
・CPO（Cost Per Order）＝注文1件あたりに必要となる費用
3,000円以下（受注数÷広告費）
・ROAS（Return On Advertising Spend）＝広告費用の回収率・
費用対効果が70%以上（広告費÷売上）

商品粗利にもよりますが、これらの結果が出た場合、一気に年間5,000万〜1億円の売上になる可能性が出てきます。同時に、そのカテゴリーで一定シェアを確保することができるのです。

　テスト販売をして、よい結果が出た場合は継続してこの販売方法を採用することになりますが、ここはマーケットが大きく、拡大性を大いに望めます。

　1商品で年間1万〜2万件以上の購入リストが確保できることもありますので、会社全体の広告予算を加味しながら、無理なくリストを拡大していきます。

　そこからDM通販に展開して、ハガキやアウトバウンドなどでリピートしていただき、年間5,000万〜1億円売り上げる商品に育てることが一般的です。

　また、新聞での直販がうまくいくならば、ネット販売は基本、自社サイトだけでも十分です。

　ネット販売同様、向いていない商品の場合、「新聞でテスト販売しても1〜2個しか売れない」ということも多いです。一方、売れる商品の場合、10万円程の広告コストで100件以上売れることもあります。

　新聞での販売は、顧客リストを確保するコストがネットよりも高いので、無理のない範囲の掲載費、広告料で積極的に進めていくことをおすすめします。

　各コストや最新のフィーなどについては、トゥルーコンサルティングの右記サイトを確認してください。

◆新聞広告の掲載位置モデル

半5段

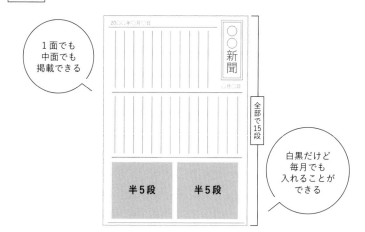

1面でも
中面でも
掲載できる

全部で15段

白黒だけど
毎月でも
入れることが
できる

20○○年○月○日

新聞

○月○日

半5段　　半5段

夕刊企画広告

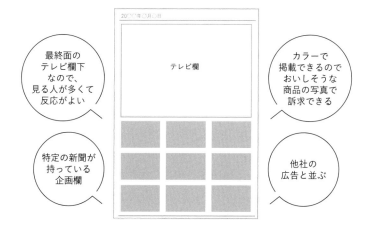

最終面の
テレビ欄下
なので、
見る人が多くて
反応がよい

カラーで
掲載できるので
おいしそうな
商品の写真で
訴求できる

特定の新聞が
持っている
企画欄

他社の
広告と並ぶ

20○○年○月○日

テレビ欄

どの世代に
ニーズがあるのかで
ネットかDMに分かれる
──60代を境目に売れるチャネルが異なる──

実店舗の販売でも、百貨店、スーパー、コンビニ、専門店、ショッピングセンターなど、多種にわたる販売チャネルがあります。実は通販・直販も同様で、販売チャネルは多数あり、その客層は明確に分かれています。特に、基準となるのが「購入年齢」です。そのポイントを見ていきましょう。

　まずは、「**60代以上に売れるものか、それ以下の世代に売れるものか?**」、ここで2つの層に分かれます。これは食品に限らず、その他の商品を売る場合もすべて同じです。

　日本では、想像以上に世代ごとにリーチできるチャネル・媒体が分かれています。

新聞媒体が有効な世代

結論からいうと、

・60代以上は、新聞広告を中心としたDM通販
・50代以下は、ネットを中心としたEC通販

というのがセオリーです。

　しかし、食品通販の失敗でよくあるのが、絶対にネットで売れないものにまで頑張って広告費をかけてしまうという話です。

　新聞媒体は、年々部数が少なくなっていますが、いまだに全国で3,000万部は存在しますし、60代以上の方の主要メディアのひとつです。

　60代以上にリーチ（広告や販売紙面が届くこと）できる媒体とチャネルには、**テレビ、ラジオ、折り込みチラシ**などもありますが、広告コストと一部あたり単価において、「新聞」がまず第一にやるべきチャネルといえます。

◆新聞行為者率（平日、性別・年齢階層別）

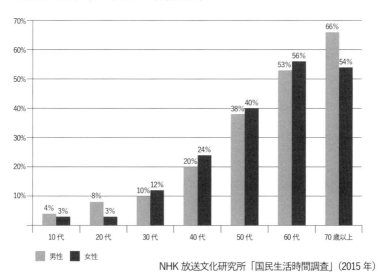

NHK放送文化研究所「国民生活時間調査」（2015年）

ネット通販をしている世代

　ネット通販の購入率を見た時、主要な世代は20代〜40代が多く、特に近年は50代の購入する割合が増えています。今までは50代以上は、新聞等を活用したDM通販がメインの販売チャネルでしたが、ネットも重要なチャネルとして成長しており、今後も対応が必要です。

　このように、通販といっても新聞を活用したDM通販のようにオフラインでいくのか、インターネットで販売するオンラインのチャネルでいくのかで、まったく成否が変わります。

　世の中の流行りに左右されることなく、自社の食品を購入するターゲットが、どの世代なのかを冷静に見きわめる必要があります。

　しかし、20代〜40代を狙うネット通販では、その先の販売チャネルが複雑になります。

　次項から、もう少し詳しくネット通販の販売チャネルの詳細を説明します。

◆インターネットショッピングを利用する人の割合の推移（年代別）

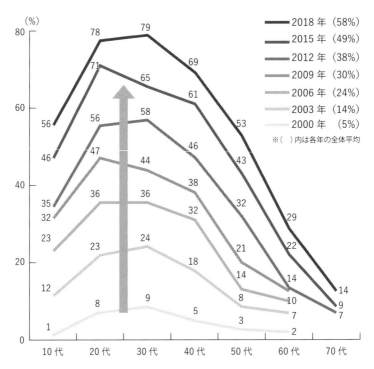

野村総合研究所
「生活者13人アンケート調査」（2018）

食品ネット販売には、大きく4つのチャネルが存在する

食品をネットで購入する年齢層は、30代〜40代が中心になっています。ひとくちに"ネット販売"といっても、ひとつではなく、大きく分けると4つの異なるチャネルが存在します。客層・売れる商品・運営手法・マーケット規模が異なるので、どこでネット販売をはじめるかがとても大切になります。

実はこうなっている！日本の食品ネット販売マーケット

食品のネット販売で、売上がもっとも大きいのは楽天市場、そして一気に大きくなったアマゾン。次にYahoo!ショッピング。そして、サービス・考え方も大きく違うのが自社サイトの特徴です。

もちろん、扱う商品によって、各チャネルのマーケット規模や順位は変わってきますが、大きく見ると右ページの図のような割合になります。

売りやすい商品の特徴としては、**楽天市場やアマゾンなどのモールでは、一般商品の通販で有効です。**そして、**自社サイトでの集客**

が有効なのは、法人通販や頒布会などの繰り返し購入していただく
パターン、またはカスタマイズが必要な商品です。ギフトはどちら
のチャネルでも売れます。

　それぞれのメリット、デメリットを見てみましょう。

◆食品ネット販売（BtoC）

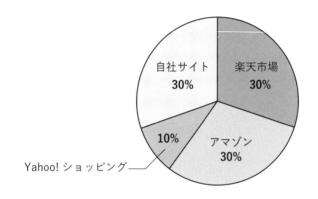

トゥルーコンサルティング調べ（2020 年）

┃ それぞれのチャネルの特徴

　食品にとっての主要なモールサイトは、楽天市場、アマゾン、
Yahoo!ショッピングの３つですが、**楽天市場とYahoo!ショッピン
グは、売れ筋や商品の傾向が似ている**ことが多いです。しかし、食
品マーケットは、楽天市場のほうが大きいです。

　ゆえに、楽天市場は競合状況も激しいので、競合の少ないYahoo!
ショッピングからはじめるという判断もあります。

一方、特徴的なのは、アマゾンです。

前述の2つのモールよりも、**手軽にはじめられる**メリットはありますが、**リピート購入などは、現在の仕組み上、機能しにくい**デメリットがあります。

そして、もっとも大切で、もっとも考えなければならないのが自社サイトです。

さまざまな理由で難易度は高いですが、年間売上1億〜2億円も売上られるようになっている企業が増えていますし、**自社の資産として考えても、いずれ自社サイトは必ず必要です。**

▎売りたい商品とマッチするチャネルを探す

その上で、各モールを見ながら、自社の商品チェックを行ないます。具体的には、

・自社で販売したい商品と同種の商品を各モールで検索してみて、売れ筋を見てみること
・自社商品の特徴や価格、味などは、他社と比較してどうなのか
・自社で販売した時に、送料を含めて競争できるかどうか

などをチェックしていきます。

まずは欲張らず、「マーケットがあり、早期に結果が出せるチャネルをひとつ選択する」ことからはじめて、しっかりと実績を出し

ていきましょう。初期段階では、欲張っても無駄なお金を垂れ流し
してしまうだけです。

　ひとつ目のチャネルで、月の売上300万～500万円を超えはじめ
たらば、次を考えます。

　最終的には、「4つのチャネルで、ニッチな特定の分野でのシェ
アNo.1を確保する」ことがネットチャネル販売目標です。
　次項から、それぞれのネットチャネルの特徴を説明します。

◆4つのチャネルの特徴

	楽天市場 Yahoo! ショッピング	アマゾン	自社サイト
規模	△～◎	○	○
成長率	△～○	◎	○
リピート	○	△	◎
集客コスト	△	○	×
頒布会等特殊な販売	△	×	◎
法人向け販売	×	△	○
顧客リスト集め	×	×	◎
収益	△	○(現状)	○

※各モール購入者の男女差は多少あるが、最近はなくなってきている

日本最大級の食品ネット販売マーケットである楽天市場と特徴が似ているYahoo! ショッピング

個人向けの食品ネット通販を検討する場合、もっとも初期段階で参入することが多いのが、楽天市場とYahoo!ショッピングです。すでに設立から20年以上経ち、ネットで食品を購入する顧客が多数存在します。この２つのモールはチャネルの特徴や売れ筋商品など、共通している点が多いので、本項で共に説明します。

食品ネット販売では、「楽天市場＝Yahoo! ショッピング」が成り立ちやすい

　この２つのモールは、企業によっては、同時に進出（出店）することもあり、展開商品も同じことが多いです。しかし、初期コストが高く競合が多いことから、最近は前項で説明したようにアマゾンからはじめる企業も増えてきました。

　初期コストが高く、出店までに２ヶ月ほどかかる理由は、**ネット上に「お店を出店する」という意識で進める**からです。つまり、商品を並べるための「店＝ショップサイト」を制作していく必要があるのです。

あらゆる食品関連商品がすでに販売されており、ほかのチャネルで売れなくても、このチャネルであれば売れるかもしれないという可能性を持つチャネルです。

　新規購入客に購入してもらうためのコストが安くなることが多く、単価が低い食品カテゴリーにとって魅力的なチャネルです。

　楽天市場は規模が大きく、魅力的ではありますが、競合の少ないYahoo!ショッピングを選ぶこともひとつの方法です。

◆楽天市場と Yahoo! ショッピングの特徴

楽天市場＆Yahoo! ショッピング ➡ 店舗を出店＆運営するというイメージ

	楽天市場	Yahoo! ショッピング
資本	独立系	ソフトバンク系
市場規模（全体）	2 兆円以上	8,000 億円前後
メイン顧客	30 代〜40 代（どちらかといえば女性）	
成長性	△	○
競合状況	×（激しい）	△（広告費次第）

▍楽天市場 & Yahoo! ショッピングで売れる商品例

　米、肉、野菜、果物など、基本的には食品関係は何でもチャレンジできるチャネルですが、利用者は特に30代〜40代の女性が多いので、スイーツなども売りやすいカテゴリーです。

　特徴的なのは、"大きなショッピングセンター"というイメージ

の運営方法なので、イベントに強く、ギフト商戦は中小企業にとっても、チャンスが大きく広がります。また、リピート購入もしてもらいやすいので、大きなサイズやセット商品が売りやすいのも特徴です。

【楽天市場で成功した企業のモデル売上】
・青果物・肉・魚：年間売上２億〜５億円
・菓子・スイーツ：年間売上１億〜２億円
・調味料：年間売上１億〜２億円

【運営コストモデル】
・初期費用：50万〜70万円
・運営システム料：月２万〜５万円
・モール歩合：７〜８％
・人件費：15万円〜

上記が売上とコストの標準的なモデルです。このチャネルで月商300万円を超えはじめれば収支はトントン、月商500万円を超えれば収益性の高いチャネルになります。

ここでのビジネスモデルは、「**お試し商品を購入してもらい、リピートしてもらう通販モデル**」です。
購入していただいた顧客に、メルマガや同梱物による訴求を行ない、継続的な購入に結びつけて、売上・利益を確保することが必要です。

また、利益を出していくためには、集客するための広告費をいかに抑えて運営するかが肝です。

　そのポイントは、売りたい商品を**モール検索の「どのワードで検索してもらうか？」**ということを決めて、そのワードで検索順位を上げるための広告投資をしていくことです。

　これがきちんとできている企業は、売上10％以下に広告費を抑えることができ、しっかりとした収益を稼ぐことができるのです。

◆成功企業のモデル例

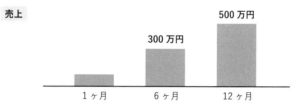

売上

500万円

300万円

1ヶ月　　6ヶ月　　12ヶ月

広告費モデル

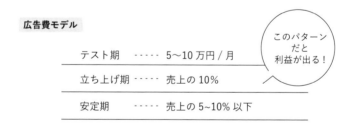

テスト期	·····	5〜10万円／月
立ち上げ期	·····	売上の10％
安定期	·····	売上の5〜10％以下

このパターンだと利益が出る！

アマゾンは
食品ネット販売で急成長！
アマゾン向けの商品構成で
ヒットする可能性あり

最初に参入するチャネルとしておすすめだと前述したアマゾン。昨今、食品が急激に売れるようになってきたチャネルですが、出品・登録の手間が少ないことやテスト販売がしやすいということにおいて、コストと初期費用が少なくて済みます。しかし、販売の仕方や売れ筋商品が他のチャネルとは違うので注意が必要です。

　アマゾンの特徴は、ネット店舗で売るというよりも、「**1品、1品、単品をアマゾンに登録して売るネットチャネル**」という点です。

　食品の販売は、ここ数年で成長し、日本トップだった楽天市場を超えたといわれているアマゾン。元々は書籍やＤＶＤ、ＰＣ機器・スマホ関連などを取り扱っていた流れから、大手メーカーの食品以外は売れないといわれていました。しかし、2015年から、**独自の会員制物流システム「アマゾンプライム」の広がりと同時に、食品分野の売上も急拡大しています。**

　ほかのショッピングモールに比べて男性比率が大きいからかもしれませんが、売りにくかった珍味系の食品もよく売れているという特徴もあります。

◆アマゾンの特徴

アマゾン ➡ 商品ごとに登録してアマゾンで販売するイメージ

資本	米アマゾンがメイン
市場規模（全体）	2兆円（推定）
メイン顧客	20代〜40代（男性が多いといわれる）
成長性	◎
競合状況	○（まだ少ない）
マーケット	ギフト商品も売れるようになった。リピート率が低い

アマゾンで売れる商品例

　基本、食品関係はなんでもチャレンジできるチャネルになりました。以前は生活必需品（水、米、ブランド食品）が売れていましたが、知名度の低いブランドの食品、嗜好品（お菓子・スイーツなど）も、大きく売上を伸ばしている食品市場が拡大しています。

　今、特にギフトマーケットは競合が少なく、狙い目です。その他の特徴としては、男性ユーザーが多くいるので、おつまみなどの商材がよく売れる傾向にあります。

　しかし、買い上げ点数が少なく、リピート率が低いので、「お試し商品」からリピートしてもらうという売り方は成り立ちません。

【売上モデル企業】
・1商品で月間売上10万〜50万円

→達成したら100万円を目指す

　・10のヒット商品をつくって300万円にする

　・ギフト需要を狙い、売上300万〜500万円にする

【運営コストモデル】

　・初期費用：0円

　・運営システム料：月5,000円

　・モール歩合：10%

　・広告費（テスト期間）：月1万〜3万円

　・広告費（最終的には）：売上の3〜5％

　上記が、売上とコストのモデルです。

　アマゾン特有の商品登録と広告対応に慣れるまで時間がかかりますが、初期費用と運営費用ともに、低コストで実施できます。商品数が30〜50アイテムまでならば、月商300万〜500万円がモデルとなります。商品によっては、楽天市場よりも売れるケースも増えているので、今後、食品のネット販売では、もっとも大きなチャネルに成長する可能性が高いといえます。

　事業としてのビジネスモデルは、「**1回購入で利益を出していく通販モデル**」です。

　売価設定はアマゾンが提供している物流サービス（ＦＢＡ）で、「プライムマーク」をつけることが重要です。顧客がプライム会員になるとプライムマークがついている商品は、送料無料で、しかも、早く届くということがアマゾンのひとつの強みになっています。

　一方、リピートをさせにくいことから、1回だけの購入でも利益

が出るように、通常商品売価にＦＢＡのコストを上乗せして販売価格を決めてください。アマゾンの商品ページづくりは簡単ですが、成功するためのポイントを下記にまとめます。

最終的には、自社が販売したい商品が「どのように検索されるのか」を考えて、商品名やSEO（検索最適）ワードを決めましょう。

◆成功するアマゾン商品ページのポイント

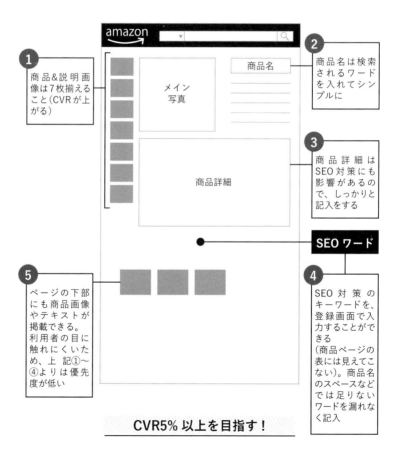

自社サイト販売は メーカーとしての強みを 活かせば、収益性 No.1 の チャネルになる

もっとも難易度が高く、しかし、もっとも重要な自社サイト（自社ホームページ）チャネル。食品メーカーならば、自社サイトを持っていると思いますが、90％以上のサイトはほぼ機能していないのが現状です。本項では、サイトで成功している企業がどのように販売展開しているのかを明確にしていきたいと思います。

　自社サイトの特徴は、「**探して、調べてきた人が購入するためのネットチャネル**」という点です。ショッピングモールのように「買い物をしよう」という気持ちで**衝動買いするようなことはありません**。

　おおまかな数値でいうと、ネットのショッピングモールで新規のお客様に１件の注文をいただくコストに比べると、自社サイトでのコストは３〜５倍。しかも、モールよりも新規顧客の件数は50％以下というのが当たり前です。

【自社サイト販売成功に立ちはだかる大きな壁】
・そもそも自社サイトを探してまで購入するに至らない
・新規確保の広告費＆コストが高く採算に合わない

例として、ある鮮魚メーカーでは、ショッピングモールと自社サイトの両方で、商品も基本的には同じものを展開していました。自社サイトでも採算が取れることはありましたが、それは6月と12月の父の日、お歳暮ギフトのみでした。しかも、規模はモールの20％ほどにしかならないという状況でした。

　モールでは億単位の事業をしている企業でも、このような状況になりがちです。

自社サイトで成功する企業の特徴

　もともとブランド力がある企業や実店舗を持っていたり、DM通販で大きく事業をしている企業ならば、ネット検索されやすく、自社サイトでモールと同じような商品構成・サービスでも売上を伸ばしていくことはできるでしょう。

　しかし、それ以外の中小メーカーにとっては、モールで販売できるような商品構成・サービスを自社サイトで展開しても、希望するような売上や利益は達成できません。せっかく手間暇かけてやるならば、下記の商品・サービスをおすすめします。

【食品企業自社サイトの3つの成功パターン】

❶ 定期・頒布会コースをメインとした自社サイト販売

❷ セミオーダーや内祝いを中心とした自社サイト販売

❸ 小口法人取引を中心とした自社サイト販売

　要は、自社サイトのデメリットである、新規コストが高くても、集客数が少なくても、**事業として成り立つようにLTV（顧客生涯**

価値）が高いビジネスモデルにする必要があるということです。

　上記３つのパターンで販売した商品は、どれもＬＴＶが通常の商品販売よりも、３〜５倍近くあり、客単価も３〜10倍近くになります。そうなると、自社サイト単独でも年間3,000万〜１億円は狙えるモデルになります。

◆自社サイトの特徴

自社サイト ➡ 自分で主体的に調べてきた人しか来店しない
　　　　　　　「知る人とぞ知る」というイメージ

集客ルート	検索エンジン（グーグル、Yahoo! など）がメイン ※やれることは少ない
市場規模	小口法人通販：客単価３〜５倍でリピート率高い 内祝い・ギフト通販：客単価１万〜30万円 頒布会通販：年間購入金額３万円以上
メイン顧客	20 代〜50 代 男女
成長性	○
競合状況	○（まだ少ない）
マーケット	モールと同じ商品・サービスでは × DM 通販との相性は○

◆自社サイトの種類

＜オーダー系事例＞

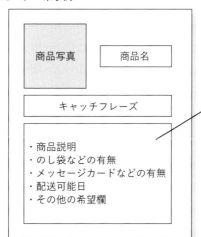

オーダー系事例では、内祝いでの名前入れ、ノベルティでのカスタマイズなどがあり、購入する際に、通常購入よりも複雑な説明と入力が必要になります。
ですから、自社サイトは自社独自のサービスを展開するのに向いています。

＜小口法人事例＞

小口法人取引を自社サイトで展開するパターン。顧客別の売価管理等が必要なのでネットモールでは不可能です。また、多彩な決済対応、請求書や領収書発行なども必須の機能となり、自社サイト向きの販売サービスになります。

その他の自社サイトのメリットとして、顧客名簿が資産になり、アプローチも自由にでき、ブランディングがしやすく、モールのように売上歩合がないので収益性も高く、しかも、マーケットは競合が少ないという点です。

また、食品自社サイトを展開する際のコスト概算は、下記の通りです。

【自社サイト売上モデル企業】

・小口法人通販：年間売上１億〜２億円

・個人向け通販：年間売上１億〜２億円

【運営コストモデル】

・初期費用：70万〜100万円

・運営システム料：月１万〜５万円

・決済手数料：3〜4％

・人件費：7万円〜

・広告費（テスト期間）：月５万〜10万円

・広告費：個人向け通販の場合は売上の10％

売上の伸び方はゆっくりでも、モールよりももっと大きな販売チャネルになる可能性もあります。

モールと違う視点で展開することにより、自社サイトを有望なチャネルにしていきましょう。

もっとも大きな
食品通販のチャネルである
新聞を活用したDM通販

60代以上の世帯では、新聞を定期購読している比率がまだ70％以上あります。新聞広告はテレビやラジオよりも確実にリーチでき、保存性が高いことが特徴です。また、新聞への折り込みチラシは、1日に3,000万部を配布することもできます。新聞広告だけで10億円の売上をつくれることもある、もっともパワーを持っているチャネルなのです。

　テスト販売の解説（4-2）でも紹介した60代以上の購入が多い新聞広告チャネルは、とても魅力的なチャネルです。新聞離れが進んでいるといわれて久しいですが、逆に競合も少なく、一定レベル以上の購読者がいるのが新聞チャネルの特徴だからです。

　もし、自社の扱っている商品が60代以上の方が好まれる商品だったら、ある意味ラッキーです。新聞チャネルでテスト販売をし、一定の基準を超えれば、あとは簡単！　と断言できるほどです。なぜなら、新聞広告では、適正な基準値をクリアすれば、「1商品ですぐに1億円売れる」大きなチャネルだからです。

◆新聞広告の例

新聞広告で成功するポイント

　ずばり、新聞広告チャネルで成功するための基準は以下の通りです。これに沿った新聞広告とテスト販売基準を達成すれば、有効な販売チャネルとなります。

【新聞チャネルで1億円売るためのテスト販売基準】

〈広告基準〉

　　媒体費用：1部あたり 0.1 円以下の広告費

　　色とサイズ：半3〜半5段、白黒

　　部数：50 万部以上

〈販売基準〉

　　1注文あたりの広告費コスト（CPO）：2,500 円

　　（客単価・粗利・リピートにより変動）

　　※テスト販売と同様

　上記の基準を満たす広告を代理店へ依頼し、一定以上の件数で販売ができれば、新聞チャネルで大きな可能性が出てきます。

　テストで成功したあとは、無理のない広告費で実施し、地道に顧客名簿を増やしていくことになります。単純にいえば、顧客名簿が増えれば、それだけ通販の売上が増えていくのです。

　1商品で数万件の自社名簿確保が可能になる場合もあるので、売上も1億円を超えることが多々あります。食品メーカーで、メイン商品が1億円でも売れれば、大きな収益と事業強化になります。だ

から、おいしいチャネルといえるのです！

基準に合った新聞を見つけることが必須

　新聞チャネルで大切なことは、「**基準に合った新聞広告を選定し、テスト基準をクリアする商品を見つける**」という点です。

　これができれば、本ビジネスの80％の部分はクリアしますが、それが大変な部分でもありますので、低コストでチャレンジを繰り返すことをおすすめします。

　最終的には、「**新聞チャネルで、自社名簿２万件、売上１億円を達成する**」ことが新聞チャネルでの目標です。

◆新聞チャネルのメリット・デメリット

メリット	デメリット
・ネットよりも事業規模が大きい ・価格比較されにくい ・継続購入してもらえる顧客が多い ・競合他社が少ない ・自社の名簿になる	・立ち上げまでの初期投資と時間がかかる ・DM配布費用などがかかる ・受注のコストが高い

新聞通販で売る
——どんな新聞媒体で、どんな食品が売れているか

前項では、60代以上に売る場合の新聞チャネルの基本について
お伝えしてきましたが、本項では、全国紙、地方紙、専門紙、
どんな媒体を選べばよいか、どんな商品が売れているのかを説
明していきます。

どの新聞媒体で売れるのか？

おすすめの新聞広告の順番は次の通りです。
① 全国紙
② 特定団体新聞（聖教新聞、農協新聞など）
③ シェアがトップの地方紙（中日新聞、東京新聞）
④ 専門紙

単価が安くても、きちんと計算すると一部あたり単価が基準より
も大幅に高いことが多いので、フリーペーパーは選ばないほうがい
いです。

全国紙ほど一部あたり単価が安く、専門紙＆フリーペーパーほど

高くなるのが一般的です。

　まずはコストを抑えつつ、全国紙でテストを繰り返していけば、広告基準に合ったものが見つかるはずです。

どんな食品が新聞チャネルで売れるのか？

　これは当たり前ですが、年配の方が好まれる食品が売れる商品になります。

　具体例を出すと、茶葉、せんべい、昆布の佃煮、濃い味の漬け物、塩鮭の切り身などです。

　繰り返しますが、キーワードはネット販売と同じで、「**スーパーで売れないもの。品数が限られているもの**」がよいのです。

　つまり、

・洋菓子よりも和菓子→シュークリームよりカステラ
・洋惣菜よりも和惣菜→ハンバーグよりも干物や煮物、湯せんの魚
・刺身よりも佃煮や漬け魚

　などがあります。**同じキーワードですが、ネット販売で売れるものと、新聞・DM通販で売れるものは違います。**

　稀に、ネットでも新聞・DM通販でも両方売れる商品が存在します。

・品質がワングレード上の果物、野菜
・カニ、おせち

- 夕食のキット通販
- 生活習慣病向けの冷凍弁当

　これらの傾向を見ていくと、今はネットで売れない商品でも、徐々に売上構成比が上がっていくことが多いので、新聞チャネルからはじめる場合でも、自社サイトの販売チャネルも立ち上げておくことをおすすめします。

┃　どんな原稿がよいのか

　新聞を見たお客様からの注文は、電話でいただくパターンがほとんどです。主に60代以上の方なので、メールや注文フォームへの入力はデメリットになります。電話ですぐに簡単に注文できることがお客様にとってのメリットなのです。

　FAXやハガキもありますが、ごく少数（10％以下）です。

　ご注文を受けて商品を送り、初回同梱物やＤＭ、アウトバウンドで次回購入を促す手順に進んでいきます。

　地域にある食品メーカー・生産者が有利な理由は、希少な部位・品種・加工品が手に入ること。しかもそれをお値ごろに提供でき、その上、数億円の売上で十分な利益を出せるメリットとなることです。ぜひ、テスト販売をして自社の商品に合ったチャネルを探していきましょう！

◆商品が売れる新聞広告原稿のポイント

紙面レイアウト

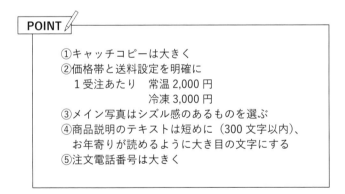

何度か商品構成を見直しながらテストを行ない、基準に合わせていく

◆新聞広告の例

成功

失敗

156

もうひとつの直販チャネル 工場や倉庫があるメーカー・生産者は直売所の効果が抜群！

直売所は、簡単な売り場でも年間1,600万円は狙える直販チャネルです。ここまで、通販チャネルを活用する方法を解説してきましたが、直接店で売る「直売所」も抜群の効果を発揮します。直売所といっても、工場併設の３坪程度の敷地や、事務所の一部、イベント時だけ倉庫を売り場として使用するというやり方でも、直販売上の向上に十分に効果を発揮します。

直売所は、観光立地でも、住宅街立地でもあまり関係なく実施可能です。人員を増やさなくて済むように、事務所や工場の入口に簡易売り場をつくるだけでも構いません。

もちろん、商品は既存商品でも業務用でも大丈夫です。メーカー直販だからこその商品や、お得な商品も揃えられるはずです。

展開の仕方は２パターンあります。

❶ 事務所を活用した常設型
❷ 倉庫・工場を活用したイベント型

まずは、軽くはじめてみるのがおすすめです。観光立地以外は、近隣の住民の方を中心に新聞折り込みチラシをすることが効果的です。コストは＠４円なので、１〜２万部配布からでも可能です。

　売上の10〜20％以内に折り込みチラシ代が収まっていけば成功で、継続するごとにリピーターが増えていきます。

　チラシを配布する時期として、それぞれの商材ピーク、新物が出るタイミング、決算期など、大義名分がある時期のほうが反響率がよいでしょう。

　その他は、ギフト期（お中元・お歳暮）、手土産期（お彼岸・お盆、正月）などは、ギフト商品も販売できて客単価も大きく伸びるのでおすすめです。

　直販比率を上げていく最初の一歩として、直売所からスタートして、「商品を直接消費者に売る」という体験を社員が経験をしていくのも大切なことです。

◆折り込みチラシの例

◆直売所の成功パターン例

＜常設型：島乃香＞

販売金額：年間数千万円
立地：工場地区、海岸地区
売り場：事務所併設の３坪
客単価：2,000円
商材：佃煮が中心

事務所からすぐに対応できるように、レジの近くが事務所とつながり、人員を増やさず対応。近隣への折り込みチラシをコンスタントに配布し、住宅街でもないのに購入客が来るようになっている。
陳列している商品は基本、既存商品が多い。

＜イベント型：伍魚福＞

販売金額：開催１回１００万円
立地：工場地区、海岸地区
売り場：研究所を活用した
　　　　臨時売り場
客単価：3,000円
商材：おつまみなどが中心

事務所の隣の研究所を使用し、イベント的に近隣の住民の方を対象に開催。基本は、折り込みチラシを配布し集客するが、回数を重ねるごとに売上が上がっている。珍味・おつまみというニッチな商材だが、近隣へのブランディングなど含めて、効果は高い。

5章

お客様に
ファンになってもらうための
対応力と関係性づくり

どんなビジネスでも、「ファン＝リピーター」は利益の根源である

どんなビジネスにも共通することですが、通販事業の場合でも、初めて購入していただく（初回購入）時点で収益が出るということはほとんどありません。では、どのように利益を上げていくかというと、もちろん「リピート購入」につなげることです。本章では、リピーターのつくり方を解説していきます。

まずは、なぜ初回購入では収益が出ないのかを考えてみましょう。たとえば、さまざまな販促活動（新聞広告、ラジオ広告、ＷＥＢ広告、テレビ広告など）を行なうことで、商品を知っていただき初回購入につなげるわけですが、ひとりのお客様を獲得するためのコスト（販促費用）は業界平均で3,500円という概算が出ています。

食品通販の場合、受注客単価は3,000〜5,000円といわれており（年々減少傾向）、この受注売上には、商品原価や配送料、人件費や段ボールなどの資材の雑費もかかっています。

つまり、**受注売上3,000〜5,000円に対して、平均3,500円のコスト（販促費用）をかけるわけですから、受注客単価から販促費用を差し引けば、利益が出ないことがわかるでしょう。**

◆受注時の収支構造

新規客単価が 3,000 円の場合（紙媒体）

売上	3,000 円
原価（原価率 30% で設定）	900 円
送料（常温で首都圏への配送を想定）	700 円
人件費（概算）	100 円
販促経費	3,500 円
	-2,200 円

◀ 初回の注文時では、
これだけの赤字が出る!!

チャネルごとに一人当たりの獲得コストや顧客リストの所有権に違いがあり、
それぞれにメリット・デメリットがあります。

● 一人当たりの広告コスト（商品によって異なる）は、高くなりやすい順に
　DM通販（新聞広告）・自社サイト　＞　楽天・アマゾン等のモール

　※モールの場合、初回購入で利益が出ることもある
　※特にアマゾンはリピート特性上、利益を出す売り方になる

● 顧客リストの所有権
　・DM通販・自社サイト→自社が所有権を持つ
　・楽天・アマゾン等モール→モールが所有権を持つ

どちらにせよリピートアプローチは売上・利益ともに重要なことです

どのように利益を上げていくか

　通販事業で利益を上げていく方法、それは「**リピートしてもらう
こと**」、これに尽きます。

　食品だけではなく、健康食品、サプリ、コスメ等の通販、ひいて
は通販問わず、どんな商売にも共通していえることです。

　通販で買い物をしたことがある方なら経験したことがあるかもし

れません。商品が到着してから、さまざまなツールで、リピート購入の提案がありませんでしたか？　多い通販企業では年間に50回以上もアプローチする企業もあるといわれています。それほど、顧客名簿は重要ということなのです。

通販の売上方程式は、

売上＝稼働顧客数×客単価（1受注客単価×受注回数）

です。

つまり、稼働顧客数を増やすか、客単価を上げることです。

さらに細分化していえば、受注客単価を上げるか、受注回数を増やすことが大切なのです。

しかし、受注客単価を上げることは、そう簡単な話ではありません。**大前提として、食品を通販で買う際、平気で数万円を買う人はそうそういません。**

では、通販事業で安定的利益を確保するためのポイントはどのようなことでしょうか。大きく2点ありますので説明します。

1点目が、「**リピート率を高めること、ファンになっていただくこと**」です。

リピート売上が利益の根源となるため、そこに徹底的に注力することです。逆にいうと、リピート率の高い会社、ファンが多い会社になれば、安定して利益が生まれ、高収益体質の通販事業が成立します。

自社の顧客の傾向分析をしっかり行ない、アプローチをしていけば、その企業努力で解決できるはずです。

2点目が、「**年間にどの程度の回数・金額を購入していただけるか**」これも重要なポイントとなります。

　業界平均で、ひとりのお客様が年間に購入していただける金額（ＬＴＶ＝顧客生涯価値）はおおよそ決まっていて、1万〜1万5,000円といわれています。この1万円と1万5,000円の差には、大きく次の2点の理由があります。

①リピート率が高いかどうか

　リピート率が高いということは、2回目以上の売上がある割合が高まることであり、それにより当然このＬＴＶは高まってきます。

　初回購入から2回目のリピート率が5％も違えば、それは上記数字に大きく影響を与えてきます。

②ギフト需要が強いかどうか

　食品業界の特徴ともいえるギフト需要。健康食品や他商材には少ないこの需要があるため、ここをフルに活用することは大切です。

　ギフトに好まれる商品企画・価格・サービス対応を徹底することで、ひとりのお客様から数万円の売上をいただけることもあります。

　食品業界の場合は、「自家消費」＋「ギフト」。まずは自家消費用商品で商品構成を組み立てていきますが、お中元・お歳暮、母の日や父の日といったイベントシーズンにおける売上が、通販年商の6〜7割になってくることもよくあります。

　食品通販を実施していく上では、上記のポイント2点の強化を徹底させていきましょう。

もっとも重要な初回購入から2回目購入率の基準値

初回購入から再購入につなげる時の基準値は、ずばり30％です。食品通販を成功させるために重要視すべき基準は、初回〜2回目のリピート率30％以上を達成することです。では、その数字を見ていきましょう。

一般的に、リピートに対する施策を何もしていない企業の場合、10〜15％程度しかリピートしないといわれています。つまり、初回購入のお客様が100人いたとしても、再購入していただける人数は10〜15人程度ということです。

では、果たして残りの85〜90人の人が、なぜ再購入をしていただけないのかを考えてみてください。

どんなことが想像できるでしょうか？「商品が合わなかった、味やサービスに納得いかなかった」と想定された方もいるかもしれませんが、もし、約90％の方が納得のいかかい商品を販売しているとしたら、それは恐ろしい話だと思います。そもそもそういった企業であれば、卸であっても直販であっても、何を販売しても事業は成立していないでしょう。

お客様が再購入しない理由

お客様がリピートしない理由は大きく2つあります。

①もちろん、食べておいしかったけれど、再度わざわざ注文するほどではない
②再注文する方法や企業情報がわからないからあきらめる

②の場合の対応策として、初回同梱物の充実、次回購入しやすいオファー、自社からアプローチする往復ハガキ、季節DMを送付することが重要です。

考え方として覚えていただきたいのが、100人いたら1〜2割は何もしなくても再購入してくれる人、1〜2割が何をやっても再購入してくれない人、**残りの6〜8割は再購入見込み客ではある**と思ってよいという点です。

この6〜8割の顧客に対して、企業がアプローチを行ない、リピートしてもらうことが大切なのです。つまり、企業努力でいくらでもこのリピート率は底上げされるのです。

再々購入率の基準はどんどん上がる

さらに重要なことがあります。2回目購入率と、再々購入である3回目購入率では大幅に変わってくることです。

2回目購入率の基準は30％と先ほどお伝えしましたが、**3回目購入率は格段に上がり、60〜70％が適正リピート率になります。**

つまり、2回目に顧客が育成された時点で、3回目リピート率、

4回目リピート率と格段に上がってくるのです。

　下図は簡単な指標ですが、2回目リピート率が10％異なってくることで、3回目以降の再購入割合の数値（企業貢献度となる）が大きく変わってくるのです。

　基準値を目標に、しっかりとリピート対策を行なえば投資回収スピードも格段に上がり、事業として安定的収益を上げられることが見込めます。

　すでに通販を展開されている企業は、まずは現状の数字を把握して、基準に達しているのかどうかを含めて施策の整理を行なうことをおすすめします。

◆リピート率の変化

【適正リピート率】

2回目	30％以上
3回目	60％以上
4回目以降	70％以上

【2回目のリピート率が変わった場合の比較】

初回購入	2回目リピート率	2回目購入人数	3回目リピート率	3回目購入人数
1,000 人	30％	300 人	60％	180 人
1,000 人	20％	200 人	60％	120 人

2回目リピート率が10％減っただけで、
3回目購入人数は33％も減る！
＝企業貢献度も大きく変わる！

初回購入から
2回目購入につなげるための
「リピートフロー設計図」

ここでは、通販における一般的なリピートフロー設計図を説明します。ネット注文で新規顧客を獲得した際のリピートフローと、新聞やラジオ・テレビといったマス媒体で新規客を獲得した場合のリピートフローは異なってきます。その理由は、受注時に獲得できる情報が異なるためです。

獲得情報によるリピートフロー設計図

では、ネット注文とマス媒体（新聞・ラジオ・テレビ）では、受注時に獲得できる情報にどんな違いがあるのかを考えてみましょう。

【ネットから注文を受けた場合】
　　注文者氏名、住所、電話番号、メールアドレス、注文商品情報
【新聞、ラジオ、テレビから電話・FAX にて注文を受けた場合】
　　注文者氏名、住所、電話番号（FAX 番号）、注文商品情報

このようになります。よって、それぞれの情報を最大限に活用してリピート客をつくっていくことになります。

◆リピートフロー設計図

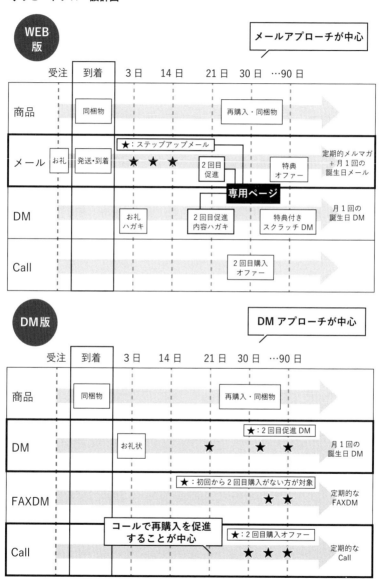

左記は一般的な設計図なので、購入された商品によって消費スピードが異なるため、タイミングを前後させることはできます。

　一方で、企業によって商品の特徴やターゲット特性を把握しながら、工夫してアプローチを行なっているパターンがほとんどなのですが、**実施している内容自体はそれほど差がない**というのも事実です。というより、実は差別化がしにくいのです。

アプローチ方法は大きく2つに分かれます。

---

❶ 商品到着時のアプローチ

　商品到着時の同梱物を工夫するということ。同梱物のため、経費は印刷費のみで郵送費はかからない。

❷ 商品到着後のアプローチ

　企業側から電話やＤＭ、ＦＡＸ等を活用しながらアプローチを行なうこと。その都度郵送費などもかかる。

この2点について、次項から説明していきます。

「初回同梱物」
「２回目促進ハガキ」
「季節ＤＭ」のシナリオ設計

まず実施したいのは、「初回同梱物のつくり込み」から「２回目促進ハガキ」「季節ＤＭ」までの設計を行なうことです。これら３つのアプローチを合計７回行なった結果、売上は比例して伸びたという結果が出ています。

まずはここから①
商品到着時の初回同梱物のテコ入れ

　商品到着時の同梱物のテコ入れを行なう上での目的は大きく２つあります。**ひとつ目がブランディング活動。２つ目がリピート促進を行なう**ということです。

　ひとつ目のブランディングについては、具体的には、**企業の特徴や商品の特徴、コンセプトがしっかり伝わる冊子を作成する**ということです。端的に読みやすく伝えることが重要なので、ボリュームが多すぎても少なすぎてもよくありません。およそ12 〜 16ページで作成していく企業が多いです。

この冊子を作成することにより、企業ブランディングを行なうと共に、**お客様にとって"通販でわざわざ購入した商品"を「買ってよかった」と納得していただくこと**が重要です。また、お客様の声を収集したチラシを作成して、利用者・体験者の先輩の声を入れることで、**購入した商品に対するイメージ以外の要素や気づきを伝えること**もできます。

　2つ目のリピート促進については、具体的には、**商品カタログの作成と購入商品（今回）の再購入企画のご案内（大容量・セット商品・定期・頒布会）、そして注文用紙をしっかりと入れる**ことです。

　通販で購入した際に、納品書のみしか入っていない状況を見たことはありますか？　シンプルですっきりしていますが、リピート購入するための導線となっておらず、商品情報なども書かれていないと、顧客にとってはリピートする際に改めて比較検討から入らなければならなくなるのです。

　商品をせっかく買っていただく中で、自社の商品提案・理解を深めることは、数字では測れない目に見えない部分ですが、リピートを促す上で非常に重要なのです。

◆初回同梱物

まずはここから②
2回目促進ハガキ（商品到着後のアプローチ）

　商品到着時の施策よりもさらに重要といっても過言ではない施策が、この商品到着後のアプローチです。前述した商品到着時のテコ入れ施策は、目的はやはり企業認知・ブランディング要素が大きいため、商品到着の段階ですぐにリピートしようという判断はまだついていない方が大半です。

　では、具体的な2回目促進ハガキの方法です。

　商品到着後、**購入した商品を消費したタイミングを狙って2回目促進用の往復ハガキを送付します。**つまり、初回購入時の客単価・数量から計算して消費するタイミングを企業側が予測し、そのタイミングでハガキを送りリピートを促します。

　もし仮に、アプローチした際の反応率が悪い場合は、タイミング

が早すぎるか遅すぎるかの可能性も考えられるため、そこは実施しながら軌道修正していきましょう。

　また、往復ハガキの作成のポイント、2回目購入を促進する企画の基準は下記です。

反応率目標：5％以上（最低3％）

客単価：4,000 ～ 5,000円

企画内容：4,000 ～ 5,000円以上で送料無料（初回購入時の
　　　　　商品は必ず入れる）

注文方法：電話・ＦＡＸ・ハガキ

支払い方法：代引きもしくは後払い

◆2回目促進ハガキの例

まずはここから③
季節DM（お中元・お歳暮など季節ごとに）

　季節DMは、お中元やお歳暮が一番わかりやすいタイミングですが、その際には冊子タイプなどのDMにしましょう。

　食品通販において山となる時期が、このお中元・お歳暮を中心としたギフトシーズンです。**このギフト需要をいかに獲得するかが、売上拡大の重要指標となってきます。**さらに、新春DMや秋DMを間に挟むことで接触頻度を増やすことができます。

　年2回、お中元・お歳暮のみしか実施していない企業は、新春DMや秋DMを実施するだけでも売上がプラスされるでしょう。費用対効果は、お中元・お歳暮時期よりも劣る傾向がありますが、それでも十分利益を残せる施策となります。

　また、それ以上に重要な点として、自社からお客様に対する仕掛けの数が年2回しかできていないこと自体をロスと考えていくことです。

　年に6回実施している企業も多くありますし、さらには毎月実施して年12回送付している企業もあるほどです。新商品販売時期をDMの時期を合わせるという企業もあります。

　まずは、季節DMをしっかり行なう体制を構築することと、可能であれば新春DM・秋DMを送付し、お客様にリピートのきっかけをつくっていきましょう。

◆季節の冊子DMの例

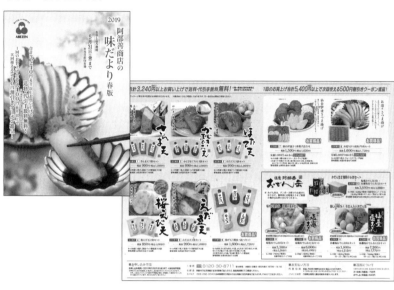

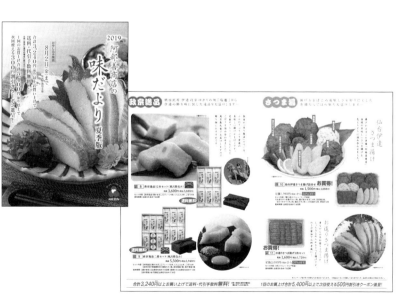

「アウトバウンド」の
具体的な方法

前項で説明した2回目促進ハガキを送付したあと、1週間程度で反応がないお客様を対象に、「アウトバウンド＝電話営業」を実施することをおすすめします。その目的は受注をいただくことなのですが、いきなりセールスの電話が来たと思われないようにするためにも、まずは初回購入商品の感想やご意見を聞くことからはじめて、その後に再購入の提案を行ないます。

　アウトバウンドをうまく行なうコツは、やはり事前のハガキDMです。**ハガキがお客様の手元にあることで、電話だけでは難しい商品説明もビジュアルと共に説明することができ、注文に結びつけられます。**また、商品の感想を生で聞ける貴重な機会なので、アウトバウンド業務を外注する企業もありますが、まずは内部で少量からでも行なうことをおすすめします。

　また、アウトバウンドのポイントや基準は下記の通りです。

反応率目標：7〜10％以上（対象名簿のうち）

　　　　　　14〜20％（電話がつながった人のうち）

客単価：4,000〜5,000円

企画内容：4,000〜5,000円以上で送料無料（初回購入時の

商品は必ず入れる）

※プラスαで、定期頒布会や別商品提案も可能

※電話だけの特典割引をつくり、特別感を打ち出すことも可能

注文方法：電話

※接続率：50％（1名簿につき3回コールをして）

◆アウトバウンドトークスクリプト

「もしもし。○○専門店の△△と申します。
先日は新聞広告にて掲載しておりました『●●』をご利用いただきありがとうございました。商品は無事にお届けできましたでしょうか」

➡お客様

「はい。届きました」

「ありがとうございます。今回、先日『●●』ご利用をいただいたお客様に、送料の一部がお得な『●●』5袋セットをご案内しております。通常、送料を含めて合計3,340円ですが、本品は送料込み2,980円と360円分、お得にご利用いただけます。こちらのお電話でもご注文を承ります。おひとついかがでしょうか」

➡お客様が「いる」場合は注文受電
➡お客様が「いらない」場合は、さらに続けて下記トークへ

「他に、当店おすすめの人気商品として『☆☆』がございます。『☆☆』は弊社で古くから愛されている自慢の逸品です。そのままお食べいただくのはもちろん、『●●』とも相性がよい商品です。1箱540円。6個セットでしたら3,240円、送料無料でお届けいたします。
他にも、当社の最新のパンフレットをご用意いたしますがいかがでしょうか」
「お忙しい中、お時間いただきありがとうございました。今後ともよろしくお願い申し上げます」

アウトバウンド実施の壁を乗り越えよう

　ずばり、このアウトバウンドができている企業は、通販事業にとってリピート対策における一番の武器を持っているといえます。

　通販事業を実施していても、アウトバウンドを実施できている企業は、正直ほんの一握りです。おそらく食品業界で通販事業を展開している企業でも５％もないと思います。

　他ジャンルの通販事業をイメージしてみていただきたいのですが、たとえば化粧品会社や健康食品・サプリを販売する通販企業はアウトバウンド体制を構築しています。

　しかし、食品業界に限っては、中々実施できていない企業が大半です。

　では、なぜアウトバウンド体制を構築することができないのでしょうか。その大きな理由は２つです。

①経営者・事業部責任者のアウトバウンド体制に対する抵抗感

②人財採用

　①については、経営者・事業部責任者自身に、アウトバウンドを行なうことが普段ない方が大半ということ、アウトバウンドしても注文は取れないと想定している点が問題です。

　電話接続者のうち、14～20％、つまり５～７人にひとりしか買っていただけない施策に、従業員のマネジメントコントロールや手間をかけることに価値を感じていない方も多いのです。

　しかし実際には、アウトバウンドを実施する従業員の生産性は、

実は他の施策に比べて圧倒的に高いのが実情なのです。

　アウトバウンドは、唯一「買いたいでも買いたくないでもない、どちらにも可能性のあるお客様にアプローチしてリピートしてもらえる手法」といえるのです。

実は「FAXDM」が効率よくリピートしてもらえるアプローチ手法！

これまでに解説してきた施策は聞いたことがある方も、「FAXDM」におけるアプローチはイメージがわかないかもしれません。FAXDMは、むやみやたらにタウンワークなどの名簿で調べてFAXを送付して注文をくださいといったような内容とは異なります。一度でも買っていただいたことがある「既存顧客」にFAXを通じてアプローチする方法です。

▌魅力はコスト効率が格段によいこと

最初に、FAXDMのアプローチが魅力的な理由は、なんといっても低コストである点です。

通常、2回目促進ハガキや季節DMを実施した場合、郵送経費は1通あたり最低60円もかかります（60円〜120円）。

一方、FAXDMは、1通あたり5〜6円程度で送付することができるのです。

> 反応率目標：1~2% 以上（対象名簿のうち）
>
> 客単価：4,000~5,000 円（設計次第）
>
> 企画内容：リピートオファー、新商品案内も可能

> 注文方法：FAX もしくは電話

　送信費単価が5円で、1%反応があったと仮定しても、1受注を獲得するための経費は500円（5円×100人）で済むということです。500円の経費で、4,000 ～ 5,000円の受注を獲得することができるわけです。

　しかし、「そもそもFAX番号が取得できていないので、アプローチできない」と考える方もいらっしゃるでしょう。

　安心してください。今の時代でも、**電話番号（家庭電話）＝FAX番号の方は多く存在します。**著者の会社でデータを収集したところ、50%程度の方が電話番号（家庭電話）＝FAX番号でした。

　未送信の場合、企業負担の経費もかかりません。お客様自身にも迷惑をかけることがないので、リスクを軽減した中、低コストで送付することができるわけです。

◆FAXDMの原稿例

ネットにおける
アプローチは
メールマガジンだけではダメ

ネットにおけるアプローチを想定した場合、イメージされるのは
メールマガジンでしょう。しかし近年、メールマガジンの効率は
悪くなってきています。現在のネット販促の傾向を考えていきま
しょう。

では、まずメールマガジンだけではダメな2つの理由をあげます。

①未読でごみ箱へ行くことが多い

　読者の皆さんのメールボックスをイメージしてみてください。登
録しているメールマガジンが増えると、他のメールに埋もれてしま
い、読まずにごみ箱に捨てることも多いのではないでしょうか。こ
れが実情です。

②メールマガジンの会員取得が難しくなっているのが現状

　著者の会社で調べたところ、商品注文の際に、メールマガジンへ
の配信を許可していただける割合は30%前後まで減ってきていま
す。もちろんメールマガジン配信数アップのために、どの企業も努
力するのですが、なかなかメールアプローチだけでは厳しいのが現
状です。

このような理由により、リピートフロー設計図にも記載したステップメールや定期的なメールマガジン配信も送付できない企業が激増しているのです。

┃ おすすめは SNS の活用

　このような現状の中、おすすめはＳＮＳを中心とした情報取得です。現段階で有効なアプリは「LINE＠」です（とはいえ、年々トレンドの変化と共に時流に適応していく必要があります）。

　LINE＠であれば、お客様の個人情報提供のハードルも下がり、特典を提供するなどのアプローチで、接触を急増させていくことができます。実際にこのような数字が出ています。

【特典内容が同じ場合の顧客承認率】
メルマガにて特典案内した際のメルマガ入会率：30％
LINE＠にて特典案内した際のメルマガ入会率：55％

　このように、明らかにメールマガジンの力は年々弱まってきています。もちろんメールマガジンも実施していかなければならないのですが、それだけではなく、時流に合った配信方法・アプローチ方法に企業側も合わせていく必要があります。

ネット注文ではメールでの
アプローチが原則
──3つの基本的なアプローチ

ネット通販でリピート購入を促すために、3つのメールの活用方法があります。せっかく顧客情報として手に入れたメールアドレスを有効に使うべく、丁寧な活用の仕組みをつくりましょう。

①サンキューメールと
配送完了メール時のアプローチ

　インターネットの普及と連動して、お客様自身が買い物慣れしてきている現状があります。

　その中で、ネット通販においてぶつかる壁があります。それが、前項でもお伝えしたメールマガジンへの登録率が減少していることです。

　数年前までは、メールマガジンに登録していただき、そのお客様に対して定期的にアプローチをしていくことが基本的な販促方法でしたが、お客様は多数の店舗で買い物をしているため、「メールマガジンを希望しない」という方が急増しており、今後もこの流れは

続くと想定されます。

　そういった中、企業側にとって重要視したいのが「サンキューメール」と「配送完了メール」です。
　サンキューメールと配送完了メールの一番のメリットは、メールマガジンを希望されている方にも希望されなかった方にも必ず届くという点です。
　さらに、大半の方がこのメールについては確認するという点もあります。

　サンキューメールや配送完了メールの送付時、ただ単に「ご注文ありがとうございます」「商品の発送が完了しました」といった内容だけで送っていないでしょうか？　それだけではなく、下記の内容を組み込んでみましょう。

・メールマガジン登録のメリットの打ち出しと登録を促す
・ＳＮＳ関連への登録を促す
・企業ブランディングを伝える

　商品購入時にはメールマガジンに登録しなかったとしても、このタイミングで登録数・登録割合を高めることができるのです。
　これらは、多くの企業が実践できていないのが現状です。「インターネットで再購入していただきたいのに、アプローチができない……」こう嘆き、止まってしまっている企業が多数あるのです。

②ステップメールで２回目購入を促進する

次に有効な手段が、ステップメールの導入です。ステップメールとは、商品購入時からリピートしていただくために、メール配信でのシナリオを設計するものです。

たとえば、
①商品到着３日後に、「ご購入いただいた商品は無事に到着しましたでしょうか？」
②商品到着７日後に、「商品はお試しいただけましたでしょうか？　お口に合いましたでしょうか？」
③商品到着21日後に、「再購入はいかがでしょうか？」

といったように、企業側が設定したシナリオに合わせてお客様に自動的に配信する手法のことをいいます。

ステップメールは、定期的に送るメールマガジンよりもリピートにつながる確率が高いのですが、その理由は、購入して間もない時期、食べたての時期に対してアプローチを行なうことができる点です。

通常、ステップメールでは、３回以上のアプローチシナリオを設計していくことが基本です。

多い企業では、７回や10回行なう企業もありますが、多いに越したことはないというのがひとつの答えです。

まずは自社にあったシナリオを設計して、企業理解・ブランディング・リピートアプローチをしていいただくことをおすすめします。

③定期的なメールマガジンで
ブランディング・リピート購入を促進する

定期的なメールマガジンは、イメージしやすいかと思いますが、通常は週に１回以上を配信することをおすすめします。

「どんな内容をお送りすればよいかわからない……」といった相談も多いですが、一番の目的は次の通りです。

・企業を認知、ブランディング

・企業を忘れないでいていただくこと

・リピート購入していただくこと

もちろん、面白い内容や興味をそそる内容が必要不可欠ですが、定期的に接触をすることが一番大切なポイントです。

なお、メールマガジンの開封率やリピート注文といった反応率の高い曜日の統計を取ると、月曜日であることがわかりました。

対応窓口は
WEBだけではなく、
電話も店舗受け取りも重要

勘違いしてしまいがちなのが、「通販（特にネット通販）は24時間年中無休で販売できるので、いつでも売上をつくることができる」という点です。もちろん間違ってはいないのですが、通販も小売業のひとつであること、ましてやわざわざ通販（配送）をしてもらってまで注文していただけるお客様がターゲットであるという点を忘れないようにしましょう。

小売業の一例として、百貨店の地下食品売り場をイメージしてみてください。スーパーや大型小売店と比較して、小さい売り場面積に対してしっかり人員を確保して接客しているのをイメージできるかと思います。実は、通販も考え方は一緒です。**1 to 1の接客、お客様と向き合い、お客様に合った商品提案をしていくことが必要不可欠**なのです。

ですから、
・ネットの対応のみにして、システムを簡略化し、メールのやり取りだけにする
・「WEBからお問い合わせください」の一言で対応を終わらせている

これらの対応では、顧客満足度が落ちるのは当たり前です。

　サイトに電話番号をしっかり掲載して、積極的に受電をし、質問に対する対応や専門的な返答をして接客することが、顧客満足度はもちろん、企業価値も高める相乗効果になるのです。

　また、近年のトレンドではありますが、店舗展開している企業では、**お客様がネットや電話で注文をして、店舗で受け取りを行なうという方法も増えてきました。**店舗とWEBの連動ともいわれていますが、今後もこの需要は高まってくると思います。

　直売所は、店舗における新規顧客獲得やギフト需要をうまく活かした売上付加だけではなく、受け取りの立ち位置としても重要視されてきます。

　業種は違いますが、スポーツ業界や家電業界では「ネット注文→店舗受け取り」というパターンの割合が、ネット注文のうち10%を超えてきているともいわれています。この数字も年々増えていくことが想定されます。

　今後、想定される通販のビジネスとして、企業と顧客の立ち位置はより近くなり、通販と店舗（直売所）の距離も近くなり、連携させていくことが重要になっていることがわかります。

リピート率から見える 「定期販売・頒布会」の 魅力とは

ここまでリピートフロー設計図について説明してきました。次に、「定期販売・頒布会」の魅力を説明します。「頒布会」という言葉を聞いたことがない方もいるかもしれませんが、毎月（もしくは定期的に）違う商品が届く、商品を変化させたバージョンの定期販売といえます。健康食品やサプリを通販で購入されたことがある方ならイメージがわくかもしれませんが、食品業界でも定期販売・頒布会で成功している企業は増えてきました。

早速、定期販売・頒布会のメリットを見ていきましょう。

・1顧客の売上高が、通常の都度購入より劇的に高くなる
・初期投資・ランニングコスト0円で、ノンリスクで開始できる
・会員数の増加とリピート売上が比例する安定売上モデル
・繁忙期と閑散期のギャップを軽減することができる
・継続率が高く、翌月は90%程度の顧客が継続する

定期販売・頒布会の企画は特に地方食品メーカーに最適なビジネスモデルです。なぜならば、メーカーにとって**先に決めている商品が継続的に、かつ発送タイミングもわかった上で調整ができることで、安定した売上が見込める**からです。

毎月、安定的にお届けする顧客数が事前に決まっていることで、計画生産・ロスにも対応できます。また、専用に新たに人手を増やす必要はなく、さらに既存商品でも展開できるため、既存資源（商品・人）を最大限活用することのみで行なえる、リスクがまったくない、今日からでもすぐに実施可能なモデルです。

たとえば、**毎月1,000名の顧客が、3,000円の頒布会に入会して**くれている場合（1年間誰も停止せずに続けたと仮定）、

月あたり：3,000円×1,000名＝300万円
年間あたり：300万×12ヶ月＝3,600万円

このように大きな売上になるのです。

もちろん停止や休止により離脱していくお客様もいらっしゃいますが、劇的に売上貢献度が高いビジネスモデルになります。

前述しましたが、通常食品通販における年間購入額は1万円から1万5,000円といわれている中で、年間3万円以上の売上を見込めるお客様となるのです。

定期販売・頒布会顧客獲得のための方法は次の通りです。

❶ 商品企画設計
❷ 定期販売・頒布会案内チラシの作成
❸ 商品発送時の同梱物と季節DMにて案内する

・売れる価格帯：3,000 〜 4,000 円／月

・送料は無料にする

・会員の顧客管理においてシステムは不要（初期段階）

　※顧客数が 1,000 件を超えたら、簡易システムでの管理を
　おすすめします。

　季節商材を取り扱っている企業の中には、定期販売・頒布会の商品構成が、1 年間の企画ではなかなか成り立たない場合もあります。そういった企業ならば、「3 ヶ月頒布会」（3 ヶ月間だけ毎月違った商品が届く）という企画をして結果が出ています。

　定期販売・頒布会は参入障壁が低く、投資も少なくて済み、すぐにでもできる施策なので、ぜひ導入を検討してみてください。

◆定期頒布会のチラシ例

5-11

再購入率が
ずば抜けている企業は
こんな施策をしている！

通販・直販で年商１億円を達成するために必要なことは、年間
１万件以上の新規顧客を獲得していくスキームができていること
か、もしくはリピート体制をしっかり構築できているかです。こ
のどちらかがなければ達成できません。近年、新規顧客を獲得
しにくくなっているという通販業界で、まず実施してほしいのが、
企業努力で大きく差がつく「リピート対策」です。

「年間１万件の新規獲得」と「しっかりとしたリピート対策」。ど
ちらを実施するべきかというと、圧倒的に後者のほうが優先すべき
です。新規顧客を獲得しても、リピート対策ができていない場合、
費用の垂れ流しになってしまうということも考えられるからです。
なぜなら、**リピート率が高い→リピート売上が高い→投資回収が早
い→新規顧客獲得に投資できる→さらによいペースで事業拡大がで
きる**、構図が成り立つからです。

　ここで、通販・直販で驚異のリピート率を達成している企業の事
例を紹介いたします。

事例①　食品企業Ａ社（食品全般・仕入れ販売）

【特徴】
・コールセンター部隊を内製化
・100 名近いコールセンター部隊のアウトバウンドを継続的に実施
・１顧客に対して、月１回以上のアウトバウンドを実施して商品提案を行なう
・定期販売・頒布会の商品構成も複数企画し、提案している

　徹底した接触頻度の多さを武器に、アウトバウンドによって毎回違った商品提案を行なうことでリピート率を向上させています。

　なかなか体制構築できないといわれているアウトバウンドの内製化に成功し、コスト効率もよく事業拡大に成功しています。リピート対策を徹底的にした結果、投資回収がしっかりする仕組みが確立でき、安心して新規顧客獲得に投資することもできているとのことです。そうして安定的に新規顧客を獲得しつつ、リピート売上をしっかりつくっていることで事業拡大に成功しているのです。

事例②　食品企業 B 社（健康食品コーナー）

【特徴】
・徹底したハガキの送付体制を構築
・初回購入時の翌週から、毎週ハガキを 20 回以上送付する

- ハガキでは大きくセールスは行なわず、あくまでお客様に対しての商品理解を簡潔に記載
- 「B社から毎週ハガキが届く」という企業認知を高めることでブランディングしている

そして、2回目購入していただいた方にはそれ以降の施策として次のことを行なっています。

- お客様の声や商品情報を記載した月刊誌を毎月送付する
- 企業ブランドを高め、読んでいただけるコンテンツを記載（たとえば、お客様からのクレーム内容とそれに対する対応など）
- 1商品だけではなく、別商品も買っていただけるよう、クロス商品提案（初回購入時以降の企業ブランディング活動により、「B社の商品なら安心だから買おう」という心理が成立する）
- 顧客ランク別にアプローチ方法を分けて行なうこと（顧客管理システム）で、稼働顧客数最大化に成功

B社も徹底した接触頻度の多さが強みですが、アウトバウンドではなくハガキを活用しながらリピート率アップに成功しています。

また、何度かアプローチするも2回目購入がないお客様、定期購入があったのにここ半年購入がない休眠しているお客様、商品Aと商品Bを買ってくれていたのに最近は商品Aだけになったお客様……など、お客様の行動・属性別にそれぞれアプローチを変えて行ない、稼働顧客の最大化（注文が1年以内に1度はある）を実現しています。

事例③　食品企業Ｃ社（練りものメーカー）

【特徴】
・２回目促進ハガキを複数回送付
・アウトバンドは内製化が難しいため、外注企業を活用して実施
・FAXDM を送付しながら、安定的に１回あたり１〜２％の反応を繰り返す
・チェーンのスーパーやコンビニには絶対にない商品（生で賞味期限の短いもの）を販売

　通販事業を立ち上げてまだ数年のため、アウトバウンドの重要性は理解しつつも、内製化が難しいために外注企業を活用していますが、それでも安定した再購入率の引き上げに成功しています。

　さらに、商品自体にも特徴を出し（つくりたて、生）、ナショナルブランド品として出まわっている商品とは差別化を行ない、お客様には結果的に再度購入したいと思っていただき、他商品や近くの小売店に流れない対策を取っています。そうした商品特徴があったからこそ、通販事業の立ち上げ１年目から、２回目購入率は30％以上を実現しており、安定的に事業拡大に成功しています。

まとめ

　通販ビジネスを成功させるキーポイントでもあるリピート対策。事例からもわかるように、「**接触頻度が高い＝リピート率の向上**」**につながるのは、間違いありません。**しっかり行なえば、結果とし

て30%以上の2回目購入率を達成することは必ずできます。

　リピート対策を徹底的に行なった企業は、外部環境による影響を受けにくいのも事実です。自社のファンをいかにつくるか、これができれば、仮に卸事業が傾いた際にも、通販事業の既存顧客で安定収益を見込むことができるのです。

　ぜひ、2回目購入率を30％以上、理想は50％を目指しながら通販事業を展開していきましょう！

6章

小口法人通販で
新規取引先を増やそう!
B to B通販の成功モデル

どんなビジネスでも、「新規取引先」は企業存続のための土台

食品通販において、法人に対しての通販、つまりB to B通販は著しく成長しているのですが、地方の食品企業で活用している企業が少ないのが実情です。ビジネスにとってもっとも重要なことは新規顧客の獲得であり、B to B通販を導入すれば、効率よく新規法人の問い合わせを増やすことでき、個人向けの通販ビジネスにもよい影響を与えることは間違いありません。本章では、B to B通販で成功した企業の実例と導入のポイントをお伝えしていきます。

地方の小さな食品企業は、新規取引先確保が最大の課題です。この課題を解決しなければ、縮小の一途を辿るでしょう。そのためには、現状の営業体制と法人取引の問題点を整理し、新規法人取引の重要性を明確にする必要があります。

しかし、法人取引数を増やすことは人材も経験も少ない地方メーカーにはハードルが高いことです。その突破口として、確度の高い見込み客を確保できるB to B通販をおすすめします。

どんなビジネスでも「新規取引先の増加」が存続の土台

地方の食品メーカー・生産者の現状として、既存取引先をメイン

とした卸経由・ルートセールスを中心に売上を立てていることが多いでしょう。

　しかし、現在のメイン取引先である百貨店、スーパー、コンビニなどでは小売業自体の売上が維持できず、営業利益も厳しい状況です。もちろん、既存取引先の取引額を上げていくことも重要なのですが、労力の割には伸びず、在庫の管理負担、値引き交渉、いきなりのバイヤー・取引変更などがあり、利益が出にくい構造になっています。取引を維持するので精一杯というのが現状ではないでしょうか。

◆新規取引先の獲得が未来を決める！

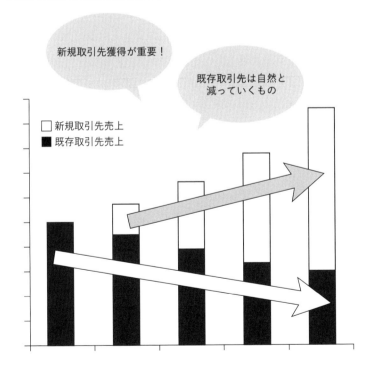

地方の食品企業が新規取引先を増やせない理由

なぜ、地方の食品企業では新規法人取引を増やせないのでしょうか。その主な理由は下記の通りです。

> ❶ 何十年も、既存マーケット以外に攻めていない企業文化で卸を中心とした取引をしているので、営業マンも組織も育っていない
> ❷ どこの業界・企業を攻めたらいいのか、わからない
> ❸ メイン商品が10年以上変わっていないので魅力がない
> ❹ そもそも見込み顧客の開拓の仕方がわからない
> ❺ 展示会をしても成約率が低い

上記以外にも理由はあるかと思いますが、新規取引先が増やせない企業文化は、早急に改善しなければなりません。

ひとつの大きな解決策として、おすすめなのは、WEBなどを活用した**B to B通販ビジネス**です。すでに、地方メーカーのケースとして、年商3,000万〜1億円の規模を出す企業も出ています。

B to BのＥＣ市場は約317兆円と非常に大きなマーケットとなり、業種別に見てもＥＣ化率は上昇しています（もともと、電話・グループ内ネット回線を利用した取引が多く行なわれているので規模が大きくなっています）。

商品やサービスによっては、個人の直販・通販よりもB to B通販が向いている商品もありますし、個人と法人の両方の取引を実施

している企業も増えてきています。

　自社の強みを明確にし、人手に頼らず、ウェブ経由で小口法人取引を無理なく少しずつ試していけるビジネスモデルです。

　テスト販売からはじめれば、低コストで実施できますので、ぜひ、チャレンジしてください。

◆B to B の EC 市場規模と EC 化の推移

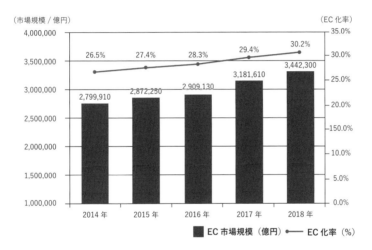

経済産業省 商務情報政策局

地方の食品メーカー・生産者が新規法人開拓にネットを活用するメリット

ここでもう一度B to B通販のメリットを明確にしていきましょう。新規取引先開拓のできない理由を前項で説明しました。食品のB to B通販は、人員を極力少なくし、手間をかけずに問い合わせをいただくモデル、「待ちの営業」ともいわれています。ネットで自社を検索してもらい、バイヤーからサンプルや見積もりの依頼をもらうというパターンです。

地方の食品メーカー・生産者が B to B 通販を実施するメリット

まずは、そのメリットを見ていきましょう。

・人員ゼロからスタートできる
・低コストのテストから無理なく立ち上げができる
・能力の高い法人営業人員が不要
・バイヤーから依頼をもらうので成約率が高い
・売上規模年間 3,000 万〜 1 億円を狙うことができる

このほかにもメリットはたくさんあります。

ここで、一般取引とＢ to Ｂ通販の違いを明確にしておきましょう。次の表をご覧ください。

◆一般取引と BtoB 通販の違い

	一般取引	BtoB 通販
ターゲット	卸先	小口法人が多い
収集できる情報	卸を通しているのでわからない	エンドユーザーからの声が聞ける
安定性	バイヤーや担当が変わると取引を切り替えられやすい	小口が多いのでリピート率も高く、安定している
独自性	他社商品と売場の棚を取り合う	競合が少ない
利益	儲けが出にくい	利益率がいい（一般取引の２倍）
決済	支払いは数ヶ月先のこともあり、不渡りが起こる可能性あり	クレジット決済などでリスク小

　卸や商社を通した既存ルート（一般取引）にもメリットはありますが、よほど提案力があるか、新規営業力がある卸企業ではないと、なかなか新規取引先は増えていきません。また、自社や商品のこだわりなどを想像以上に小売店に伝わっていないことも多いです。

　素材にこだわり、技術力が高く、グレードの高い商品を扱っていても、卸ルートでは提案力が乏しいことや価格競争で、またはブランド力のある企業に負けてしまうのです。
　よって、「**大量生産でない、独自性の商材を販売するには、直接取引が簡単にできるＢ to Ｂ通販が向いている**」といえるでしょう。
　Ｂ to Ｂ通販の場合、一般ルート取引の商品と売れ筋が異なるということもよく聞きます。

外部環境からの食品 B to B通販のメリット

B to B通販をはじめるにあたり、特に「自社サイト」からはじめることをおすすめします。その理由は、次の3つのメリットによります。

①競合が少ない＆弱いこと

食品メーカーで自社サイトを活用し、B to Bサイトをしっかり構築している企業は少ないです。もしかしたら、本書を読まれている読者の方の中にも1年以上自社サイトを放置している方がいるかもしれません。

B to B通販を成功させるためには、今の自社サイト（コーポレートサイト）とは別に、**問い合わせと注文をもらう目的のWEBサイトが必要**になるので、きちんとサイトを構築し、メンテナンスしていかなければなりません（テスト販売の場合は簡易的な体制で販売していけます）。

②バイヤーが「検索して探す」という行為が年々増えていること

今、B to B通販のマーケットは成長しています。企業が仕入れ先を探す場合に、人づて以外で「**ネット検索**」をして探している企業が増えているので、グーグルなどの検索サイトから自社サイトにたどり着く率が高まっているのです。検索キーワードボリューム（GoogleやYahoo!などの検索サイトを使用して、検索されているワードの月間検索数のこと）の増加もその証拠のひとつです。

③大手メーカーは参入しにくい

大手企業は全国各地のチェーン店などにまんべんなく販路がある
という現状から、B to B通販の必要性がない、または、既存事業と
の競合になる可能性があるので参入しにくいことも、中小メーカー
にとってはメリットです。扱い商品も万人向けの商品なのでわざわ
ざネットで検索してサンプル請求＆見積もりを取る必要がないので
す。

　大手メーカーや大手商社がやらない・やれないことは、個人への
販売だけでなく、法人取引でもこのように存在します。
　**また、B to B通販で求められている商品・サービスも地方にあ
る中小メーカーだからこそできる要素も多く、小さい企業で地域に
あることが有利に働く**のです。

食品のＢ to Ｂ通販ビジネスを進めるためのモデル数値基準

食品Ｂ to Ｂ通販で売上１億円を達成している企業は増えています。成功している企業はどのようなサイトをつくり、数値基準を持っているのでしょうか。見ていきましょう。

集客サイトの重要性

　まず、Ｂ to Ｂ通販を成功させるには自社サイトを活用する必要があります。会社概要や採用情報を載せているコーポレートサイトとは別に、法人からの問い合わせと受注のための集客サイトをつくるのです。テスト販売としては、**法人問い合わせ専用ページをつくることからはじめます。**

　コーポレートサイトとは、会社紹介のサイトのことで、おそらくどの会社も持っているでしょう。しかし、その目的は会社の説明やブランディング、採用が主であり、それ以上でもそれ以下でもありません。このサイトにいくら広告費をかけても、新規問い合わせが

来るはずはありません。

　新規取引獲得に必要なのは、問い合わせを獲るために特化したＢ
toＢ通販サイト、顧客の課題を解決する集客サイトです。

　新規法人取引を増やしている企業は、まず専用ページをつくりテ
ストを行ない、その後、法人専用サイトをしっかり構築し、商品や
サービスごとに内容を充実させているのです。企業によっては、サ
イトの工夫で、海外からの問い合わせを計画的に増やしている企業
もあります。

◆B to B 通販の流れイメージ

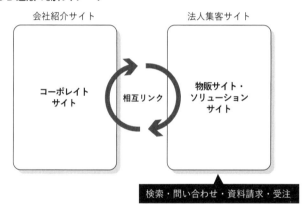

目指すべき事業数値

　次に、一般取引の卸販売よりも利益をしっかり出すための事業構
造のモデルを見てみましょう。

　当然、直接販売なので粗利は高く、人員をあまり使わないので、
営業利益をしっかりと出すことができます。

次に、平均的な客単価を見てみましょう。

卸ルートよりは少なくなりますが、個人購入の3〜5倍の客単価が一般的です。また、年間購入金額は1企業あたり3万〜30万円と、魅力的です。

食品業界 B to B 通販の客単価の目安（月間）

5,000〜1万円　→　お試しや初回購入、最小限の客単価
2万〜3万円　→　食品 B to B 通販で多い客単価
10万円以上　→　中堅どころのリピート顧客

B to B 通販でも有償サンプル・お試し商品からの購入が多いのが一般的です。その後、2万〜3万円前後での購入が増えていき、月間10万円以上をコンスタントにご購入いただく取引先に拡大していきます。

さらに B to B 通販は、中規模な取引先、別メーカーから、素材としての取引がはじまることも多く、月間100万〜150万円以上となることも少なくありません。

1企業あたりの平均年間購入金額が20万円ということは、500件の安定した小口の取引があれば、500件×20万円＝1億円というモデルが成り立つのです。

小さなカテゴリーの商品・サービスでも月間10〜20件の問い合

わせや見積もりを確保していけます。数年継続していけば、取引数
200社以上の取引数となり、年間5,000万円の規模のビジネスに成
長させることができます。

　この新規ビジネスは既存の卸先経由や古参の営業マンによるもの
ではなく、B to B通販専用の集客サイト経由という点が、これまで
の営業体制と大きく違います。また、次の章でネット経由の新規取
引企業の特徴を説明いたします。

◆売上＆利益構成のモデル例

月商300万円	物流費3％（商品単価3円の場合）
粗利30％	システム（決済）費5％
営業利益10～15％	広告費3％（5万～10万円）
	運営費3％
	経費合計15％

B to B通販は、月商1,000万円になっても左図の構造と変わらないのが特徴

B to B通販は、どこからの問い合わせが多いのか？

B to B通販で狙うべきターゲットは、大手やチェーン店ではない小口法人がメインになります。このカテゴリーは社数が多いのですが、"仕入れ難民"と呼ばれるほど、条件や選択肢が狭い中で仕入れを行なっているのが現状です。それ以外は、新規参入企業やこだわりが強いハイグレード企業も狙うべきターゲットになります。

「こんなご時勢で、ネットや電話、カタログからの問い合わせや新規取引先が増えていくなんて信じられない……」

「うちの商品をわかっているベテランバイヤーでないと売れないよ」

「新規取引なんて、何年も増えていないから半信半疑」

　これは、B to B通販の話をすると、よく聞かれる言葉です。

　展示会や卸先からの紹介も大切ですが、**B to B専用の集客サイトが「優秀な営業マン」になって新規取引を増加させている中小メーカーは増えています。**

　実際に、集客サイトにはどんな問い合わせが多いのでしょうか。

下の図は、例として飲食店の仕入れの図です。

ここで誰もが狙いたいのは、10店舗以上の規模の企業でしょう。しかし、そこはすでに卸や商社が押さえており、参入は難しいです。つまり、業界大手のブランド力と営業力、価格競争力が整っている会社しか取引開始が難しいゾーンです。

◆仕入れ体制

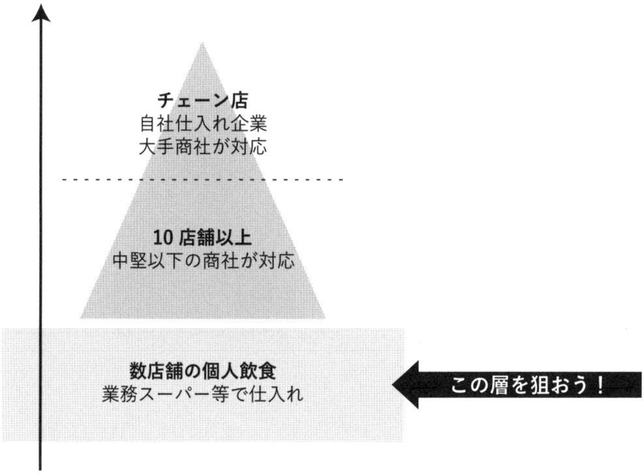

チェーン店
自社仕入れ企業
大手商社が対応

10 店舗以上
中堅以下の商社が対応

数店舗の個人飲食
業務スーパー等で仕入れ

この層を狙おう！

地方の中小企業が狙うべきは、ずばり図の下部、小さな飲食店です。個人店、数店舗規模で展開している店、または開業を考えている段階の人などです。小さな飲食店には、人手をかけてまで大手商社や問屋は参入して来ませんし、また、仕入れ方法も業務スーパーなどで一般的な食材しか手に入れることができないのです。

また、**独自性があるメニューやこだわりを持った商品・サービスを提供したいというハイグレードな要望も強く**、地方の食品メー

カー・生産者がつくる、一般商品とは違いのある商品を仕入れたいと思って、ネット検索をして問い合わせがくるパターンも多いのが特徴です。

　一方、件数としては少ないですが、中堅以上のチェーン店やアッパークラスの飲食店、そして大手食品メーカーまでが、素材として他社と違うものを扱いたいという問い合わせも着実に増えています。

　明らかにネット経由の問い合わせと取引は年々増えており、地方メーカー・生産者がやらない手はありません。

【B to B 通販ビジネスのターゲット像】
・現在、仕入れに困っている規模が小さい飲食店
・都会よりも地方・田舎の立地にある店
・大手商社が人手を割いて営業しない店
・規模が小さくて企業審査ができにくいターゲット（開業したてでも、クレジット決済にすることで、代金回収のリスクを減らせる）
・差別化・独自性を希望する個人店
・小ロットを希望する企業
・OEM（相手先ブランド製造）などを希望するメーカーや企業

　しかも、集客サイトからの問い合わせは、相手からのコンタクトなので、売価はこちらが設定でき、商品は宅配便で発送、人手も増

やさず、売上回収も問題なく、しっかりと利益も出ます。

　専門性や特徴を持った地方の食品メーカー・生産者が、小口のＢ to Ｂ通販で、多くの店・企業のお役に立てるのです。

　大手メーカー、商社が狙わないターゲットこそ、中小企業が目指すべきターゲットなのです。

求められている
食品B to B通販の
商品とサービスとは

B to B通販を通して問い合わせや注文をしてくる店・企業が必要
している商品やサービスとはなんでしょうか。その答えは、これ
までと同様に「既存の商流や大手ができない商品やサービス」です。
本項以降、３つの軸で商品やサービスを考える方法を解説します。

　食品B to B通販をはじめたら、「できるだけ安く、大量に」とい
う注文にはもう対応しなくていいでしょう。

　世の中から求められていることで、地方の中小企業に合っている
ことは、「**大量生産の商品とは違いのある商品**」を「**小ロット**」で、
「**短期納期**」で、「**独自性**」を持って、「**適正な価格**」で卸すことです。

求められている３つの商品・サービス

　B to B通販で、１億円前後の売上を達成している企業が提供して
いる３つの商品とは以下のようなものです。

❶業務用商品・地域特性のある商品・素材提供

❷ 小ロット販売 & OEM 対応

❸ 技術提供

　各商品の特徴は、後の項目で説明していきます。

　まず、自社に合ったもの、マーケットが求めているものをベース
に、どの商品・サービスを提供するのかを決めてください。

　小口のＢ to Ｂ通販で、ニーズの高いサービスは以下の通りです。

・小ロットでの販売、小ロット OEM の体制

・早期納品の対応

・セミカスタマイズへの対応

・支払いの多様性（カード、後払いその他）

・注文しやすさ（ネット、カタログ、電話）

・プロとしての対応力（質問や用途相談など）

・豊富な種類

　これらは大手にはできないサービスといえるでしょう。

　次項では求められている３つの商品・サービスのパターンを見て
いきましょう。

B to B 通販向け商品①
業務用商品、地方特性のある
商品、素材提供

この商品がいちばんオーソドックスなB to B通販向き商品です。そもそも、全国的に出まわっていない商品、手に入れにくい商品はそのまま販売可能だからです。

　たとえば、**20kg以上の大容量業務用タイプ、国産品など限られている商品、卸が品揃えしないレアな商品、本製品にする前段階の素材としての提供**など、さまざまなサービスが可能です。

　また、会社としての強みが、**品種や種類が豊富**ということならば、それを中心にした商品訴求も効果が高くなります。

　ここでも大切なのは、「**価格勝負**」をしないことです。適正な売価で購入してくれる法人だけで十分です。また、必須なサービスとしては、小ロットで提供できたほうが得策ということです。

　既存商品をそのまま販売する場合は、問い合わせごとに見積もりを出して商談をしていくか、または、購入客単価ごとに値引率などのインセンティブをつけることが多いです。

小口取引が多くなるBtoB通販の場合、値引き率などの条件は、大口法人よりも低くてもよく、送料無料にする購入金額も個人通販より高く設定し、しっかりと利益が出るような販売が可能です。

◆種類豊富な商品で打ち出した企業サイト

【業務用あんこに特化した通販サイト】

【チルド・ドライおつまみに特化した通販サイト】

B to B 通販向け商品②
小ロット OEM

OEMは、常にニーズのあるビジネスです。取引先となる企業も、こだわりがある商品や独自性の高い商品を求めています。これは、規模の大小を問わず、飲食業、小売業、ホテル業界など幅広い企業が発注先を探しているのです。

　こだわりを持った素材や製法は中小メーカーにとっては得意分野ですし、小ロット、短期納期もできます。これも大手にはできない強みです。

　中でもOEMで大切な点は、「**小ロット対応**」をすることです。

　手間や時間がかかる製造過程は、しっかりと原価に組み込み、利益を確保することができます。

　あるOEMを受託している飲料メーカーでは、**パッケージやネーミング、ロゴまでを**「**OEMの一括受託**」としています。

　ネーミングやロゴは、一般的には外部に依頼する部分ですが、一括で頼める便利さがありがたいサービスになっているようです。

　今は、小さな企業も「**自社ブランドを持ちたい**」という要望を持っています。それに対応できる企業が少ない点が、中小企業が成功す

るポイントでもあります。

　求められているOEM商品・サービスの例としては、

・そば店、ラーメン店のだしの OEM
・温泉、ホテル、道の駅のお菓子の OEM
・飲食店などのたれや調味料の OEM
・地元素材と提携したサイダーの OEM

などがあります。

　特に、自社の持っている商品・素材がそれだけでは売りにくいものを扱っている場合は有効です（鰹節・菓子素材など）。また、新規事業を立ち上げる法人からの問い合わせが多いのも特徴です（だしの場合はラーメン店の新規参入が多いので見込み客も多いです）。

◆オリジナルのだしを製造・販売しているサイト

飲食店・食品メーカー向けにだし開発を提案

B to B 通販向け商品③
技術提供

完成した商品ではなく、素材を加工する技術などを商品・サービスとして販売すれば、工場の稼働率を上げることが可能になり、会社全体の売上が上がります。
独自性を求めている企業へ、一部の加工技術を提供し、差別化のある中間素材をお渡しするビジネスです。

　たとえば「茶葉加工」「絞り技術」「充填」「乾燥」など、商品ではなく加工技術を販売することが、技術提供です。それを購入した取引先が自社商品としてさらに加工していくのです。

　また、果汁の加工技術が優れている企業の場合、特殊な「搾汁の技術」で高い技術料をもらうことができています。

　また、地方メーカーの場合、ほどよい「手づくり感」が出ることも喜ばれる点です。ここでも重要なのが、「小ロット」対応です。手間がかかるならば、**小ロットにする手間賃もしっかり価格に乗せてサービスを提供する**だけです。

　これまで、3つの商品を見てきました。最終的には、自社の強み

とマーケットのニーズが合致していることをしっかりと確認して決めていきましょう。そこで、競合が少ないBtoB向けの商品＆サービスを見つけられたらベストです。

◆技術提供・加工提供のモデル事例

小口 B to B 通販を立ち上げる際の商品・サービスの決め方

ここまでは、B to B通販の現状、狙うべきターゲット、売れる商品・サービスについて説明をしてきました。ここからはより具体的に、どんなサイトを立ち上げるべきか、どんな商品・サービスを提供したらよいのかを解説します。

ここで重要なのは、「自社の強み」「マーケットのニーズ」「競合状況」を考慮した上で、狙うべき商品を決めてから集客サイトの構築を行なうことです。

顧客ニーズと検索ボリュームを把握し、サービスを特化する

どんな商品にニーズがあるのかを調べるために、顧客である仕入れ担当者が検索する時に使用するワードを考えてみましょう。

ネットで検索窓に入れる文字の並びは、下記の通りです。

自社の商品 or 素材名　＋　推奨ワード

推奨ワードは次のものを入れましょう。

仕入れワード：卸、仕入れ、業務用、問屋、素材名（粉末、果汁、皮など）

OEM ワード：OEM、PB（プライベートブランド）、開発、サンプル、小ロット

技術提供ワード：技術者が使うワードそのまま（〇〇加工、〇〇乾燥、〇〇粉砕など）

これらを検索して出てくるサイトなどの企業・サービスなどを調査します。特に、1ページ目に出てくる企業をチェックします。

ニッチな食品だと、10社以下しかない場合も多いので、リンクを開いてみて次のことを調べ、推測していきましょう。

・同業他社がいるのか？
・他業界か？　知っているメーカーか？
・商品・サービスはどのようなものか？
・楽天市場などのモールでの販売が多いのか？
・卸販売ではないページが多いのか？

この結果、同業メーカーがあまりなく、広告もされていない場合は、その商品・サービスは、十分売れていく可能性があります。

一方、競争相手が多い場合、扱い商品・サービスを把握し、自社が差別化できるような見せ方を工夫していく必要があります。

マーケットのニーズや規模は、こう予測する！

　検索ワードのボリュームを把握するツールがあります。法人取引をしている競合企業は、自社サイトを持っている場合がほとんどなので、現状ではグーグル検索の規模・ニーズを調べれば問題ありません。

　調査の仕方は2つです。

　・グーグルのサジェストチェック
　・グーグルのキーワードボリュームのチェック

　検索窓には、商品名かサービス名を入力します。

　1ワードあたりの検索ボリュームは多いほうがいいという考えが一般的ですが、中小企業が小口で法人取引する商品としては、**月間検索数が300〜500程度の小さなワードでも、十分に商売になります**（月間検索数は、Googleキーワードプランナーなど、無料のツールである程度把握できる）。

　食品マーケットの場合、まだまだ競合が少ない、または強くないので、検索されることで自然に上位表示され、アクセス数が上がり、問い合わせが増える可能性が高いでしょう。**要は、少ないコストで、問い合わせを増やしていける**ということです。

　その他のマーケット把握の仕方としては次の情報を知ることが役に立ちます。

　・自社コーポレートサイトにアクセスしている人の流入ワード

（Googleアナリティクスなどの無料のツールを設定すれば、誰でもアクセス、流入ワードが測定できる）

・競合企業が重要視しているキーワードを探る（競合企業の広告やサイトで、どんな商品を打ち出しているかを調べる）

・仕入れ先の企業に直接、どこを使っているか、どんな検索をするのかをヒアリング

このように、コストをかけずにやれることは多くあるのです。自社の強みを活かせば、マーケット規模がありそうな場所は見つかるはずです。

次項では、テストコスト、本格参入時の初期コストと運営コスト、成功するための運営体制について説明します。

食品BtoB通販を成功させるためのコストと運営基準

BtoB通販をはじめることは、営業マンをひとり雇うよりも、非常に安価です。運営についても大きく変更することは少ないので、ルーチンワークとして、低予算で運営が可能です。また、ひとつの商品で成功したら、次の売れ筋商品の集客サイトや問い合わせサイトを増やしていくことをおすすめします。

眠っている会社サイト、ＥＣサイトを活用する

まずは、調査して考えた自社の小口法人向けの商品・サービスにどれほど問い合わせが来るのかをテストしていきます。

自社サイトを活用し、BtoB用に**1ページ追加するだけです。カート機能も必要ありません。問い合わせフォームと受注する電話番号などを掲載していきます。**

【テスト販売コスト目安】

法人専用ページ制作：1ページ　10万〜15万円

問い合わせのための Google 検索広告費：月5万〜10万円×3ヶ月

※ Google 検索に広告をかけることで、Google の検索時の上位に法人専用ページのリンクが出てきてアクセス数を増やすことができる

　この段階で、問い合わせが月に 3 〜 10 件ほどあれば、ニーズがそれなりに存在していることがわかります。数件以下の場合は、再度、提供する商品・サービスを考えてみましょう。

　テストを実施したのち、ニーズがあるとわかってから、本格的な参入をします。ここで、法人受注を増やすための専用サイトは、会社概要を伝えるコーポレートサイトとは別に必要になります。

【サイト立ち上げの初期コスト事例】

トータル：50 万〜 70 万円

・サーバ＆システム：月 1 万円〜

・サイト構築費用：50 万円〜

※カートシステム（決済システム）があったほうが後々楽

※初期サイトは、トップページを含めて 10 〜 20 ページ程度でOK

【サイトの運営経費目安】

運営人件費（外注費）：月 7 万円

システム費：月 1 万円

問い合わせのための Google 検索広告費：月 5 万円〜

（多くても 10 万円）

　新規の問い合わせ件数は、商品にもよりますが、月に 10 〜 20 件

来る場合が多いです。サイトを立ち上げた分、電話での問い合わせも増えますが、このレベルならば人員増加せずに対応可能なはずです。

成約件数は、幅がありますが、問い合わせの10 ～ 50％。一般的な商材ならば、30％は目指せるはずです。

また、**一度取引した顧客はリピーターになりやすく、総取引数の30％以上は再購入をしてくれます。**そのためにもこちらからのメールやDMなどでアプローチをすることが大切です。

取引顧客数を増やせば増やすほど、安定していくビジネスモデルでもあり、蓄積型の高収益なビジネスともいえます。

◆B to B 通販の収益構造

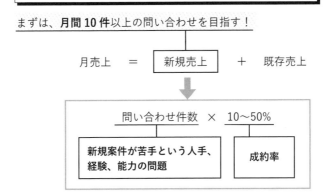

法人取引の原則：何はなくても新規営業先開拓！

まずは、**月間 10 件以上の問い合わせを目指す！**

月売上　＝　新規売上　＋　既存売上

問い合わせ件数　×　10〜50%

新規案件が苦手という人手、経験、能力の問題

成約率

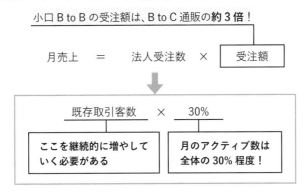

軌道に乗っている小口 B to B ビジネス

B to B ビジネスモデルでは、ビジネス規模 2 億円前後が多い

小口 B to B の受注額は、B to C 通販の**約 3 倍！**

月売上　＝　法人受注数　×　受注額

既存取引客数　×　30%

ここを継続的に増やしていく必要がある

月のアクティブ数は全体の 30% 程度！

問い合わせからの成約精度を上げる営業会議と社員育成

B to B通販の目的は、新規業界と新規取引先を増やしていくことにあります。これは、新規営業が機能していない地方食品メーカーの起爆剤となるでしょう。しかし、ネットや通販でできることは主に、見込みのある問い合わせを増やすことです。その後、商談から成約に結びつけるのは、やはり社内の人材なのです。

中小メーカーとして、大手に負けずに新規の成約率を上げるには、「スピード」が大事になります。

「問い合わせしてもレスポンスが遅い」というのがメーカーの特徴とよくいわれています。しかし、問い合わせをしている側からすると、せめてサンプル請求の場合は、少なくとも1週間以内には到着してほしいと思っています。その後、すぐにサンプルに対しての相談や商談が発生する場合も多くあります。

また、未開拓の新規業界、新規取引の商談経験が少ないため、営業のイロハや自社・商品説明も統一していない企業が多くみられるのが地方中小企業の課題ともいえます。

若手育成こそが肝

　そこで、効果的なのが取引先拡大のための営業会議です。月に1〜2回、社長もしくは責任者（営業部部長、生産管理部部長）が、若手メンバー3〜5名くらいとの情報共有とノウハウ育成をする場をつくるのです。

　内容は下記の通りです。

・ビジネスマンとしてのスケジュールの組み方
・取引先とのアポの取り方
・商談の進め方（ギフト参入時期の見定め、競合の把握など）
・会社として統一した企業説明・商品説明（自社の商品の強みと、他社商品との違い）
・営業資料のつくり方　など

　目標と現状の成約率やリピート率を見ながら、社内基準に達するまで、繰り返し伝えたり、ロールプレイングをしていきます。

　エンドユーザー、小口取引先との商談、訪問、トラブルなどは、営業マン教育、若手教育の大きな効果が得られる重要な仕事です。若手には、どんどん外に行ってもらい、会社の戦力として育てていきましょう。

7章

目指すは直販比率50％以上！
通販・直販は、地方食品メーカー・
生産者の希望と未来になる

本来の人材採用・商品開発を行なうためにも、通販・直販は必要なチャネルである

通販・直販は有効な手段ですが、それがビジネスの本来の目的ではありません。購入してもらった顧客が満足し、さらなるサービスを提供できる環境を整えること。会社としてそのための再投資ができ、従業員が自信と夢を持てるようになること。また、それにより、地域に対しても経済と人材の両方で貢献できる存在になること。それを目指さなければなりません。そのために、有効なビジネスモデルが、通販・直販なです。

　そもそも、既存商品のプチリニューアルだけを繰り返していくのでは限界がやってきます。それでは売上や収益が画期的に変わることはありません。しかし、自社の強みを活かしたニッチな商品をつくっても既存の卸ルートでは売れないし、売る力もない。逆に、**通販・直販チャネルは、ニッチでとがった商品をほしいと思っている全国の人に見つけてもらえ、よく売れる販売チャネル**なのです。今後、地方食品メーカーが生き残っていくためにも必要なマーケットだと断言できます。

　本章では、通販・直販に限らず、地方の食品メーカー・生産者として、今後、何が必要かを考えていきます。

営業利益を上げる！

　今、地方の企業は人手が足りず、原材料価格も高騰しているという厳しい状況の上、販売価格は据え置きにせざるを得ず、売上も利益も上がらないという状態が長く続いています。

　では、その原因はなんでしょうか？

　答えは、「儲かっていない」からです。

　生き残ることはできるけれど、将来に投資するほど儲かっていないということです。

　国別に見ても日本では食品メーカーがダントツに儲かっていないのです。減価償却などがあるにせよ、投資ができず将来の展望も語れない状態です。

◆国別企業の営業利益

国	営業利益
日本	2〜3％
アメリカ	12％
フランス	16％

　儲からない**最大の理由は、「儲かっていないマーケット・商品にこだわりすぎている」**からです。それも何十年もです。

　そこで、通販・直販に重きを置き、必要としている人へ響く商品をつくっていくことが大切です。実際に、直販強化した地方食品メーカー・生産者では下記のように実績が増えています。

パターン❶ 売上 5 億円以下のメーカー

　直販比率を 50％までアップ

　→営業利益が 2.5％から 8.75％まで上昇

パターン❷ 売上 10 億円以下のメーカー

　直販比率を 33％までアップ

　→営業利益が 2.5％から 6.5％まで上昇

　いきなり営業利益を 10％まで上げることは無理ですが、 3 〜 8 倍まで、利益構造を変えることは可能です。

　マーケットが伸びていて、地方特性が有利に働く通販・直販は、営業利益の面からも参入すべきマーケットといえるのです。

　そして、将来性のあるゲームチェンジを決断するのは、経営者にしかできない仕事です。

強い商品は、海外への展開も視野に入れることができる

海外では日本食人気が高まり、日本食レストランが増加し続けています。つまり、海外へのビジネス展開は、日本の食材を扱っている企業すべてにチャンスがあるともいえる状況です。すべての素材・商品が海外に受け入れられるわけではありませんが、海外でも売れる商品を企画・開発していくことも検討していきましょう。

現在、**東南アジアを中心に日本食レストランが激増しており、それだけ日本の食材の出荷も増えてきています。**縮小傾向にある国内とは違い、海外ではマーケットの需要が広がっているのです。

【現在の傾向や特徴】

・味噌、しょうゆ、豆腐などは現地生産が多いが、納豆などは冷凍で日本から送る場合もある

・果実、果汁では、ゆずがダントツに動いている。また、りんご、ぶどう、桃は海外の商品とのレベルの差が大きく人気

・菓子類は軽くて輸送しやすく、利益が出る価格を設定できるので、越境ネット通販向き

・調味料素材では、昆布などの食材もニーズが高い

- ・ラーメンはそのままの味でも中華圏で人気が高い（乾麺）
- ・和牛は海外での認知も高く、海外レストランでも出されているが、海外産の「WAGYU」「KUROGE」が登場しはじめている
- ・青汁などの健康食品系も、日本のドラックストアで人気が出ているものは、海外での販売にまでつながっている

　実際、国内での直販強化を行なったあと、台湾・北米・フランスなどで展開した商品を年間2,000万〜3,000万円規模で売り上げている企業も数多くあります。しっかりとした商品開発は、国内だけでなく、海外マーケットにも可能性が広がるということなのです。

　さらに、海外に製造拠点を持つ地方メーカーも増えてきています。今までは海外で製造し、日本や欧米への輸出という流れが主でしたが、東南アジアの日本食マーケットの拡大により、タイやベトナムなどの工場で製造し、現地東南アジアを中心に販売するという流れです。

　日本の製造原価より安く、限定の消費者が購入できるレベルの価格にできるので、人件費・物流が有利に働き、より競争力＆収益性が上がる市場です。
　もちろん、国内での事業基盤をしっかり整えていくのが最優先ですが、日本の食品は海外で評価が高いので、チャレンジすることをおすすめしております。

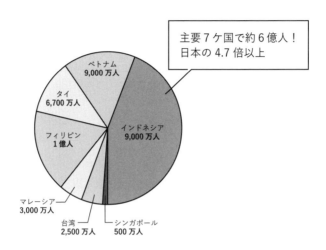

◆東南アジアでの需要が伸びている

東南アジア主要７ケ国の人口

主要７ケ国で約６億人！
日本の 4.7 倍以上

ベトナム
9,000 万人

タイ
6,700 万人

フィリピン
1 億人

インドネシア
9,000 万人

マレーシア
3,000 万人

台湾
2,500 万人

シンガポール
500 万人

海外での日本食レストランの店舗数

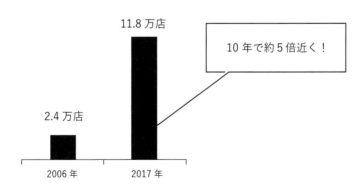

11.8 万店

10 年で約５倍近く！

2.4 万店

2006 年

2017 年

出所 外務省調べにより農林水産省にて推計

「うちの商品をいくらで売る？」適正価格で売ることも経営者の重要な仕事

本書では「営業利益率10％以上」をひとつの目標としてきましたが、そのために決めなければならない最大要素は、「価格設定」です。業界標準価格と適正価格とは別のものであり、商品に価値があれば、適正価格を粗利率60 ～ 80％以上に設定することも可能となります。

　商品価格は売上となり、その原資をもって、質のよい原材料の購入、若手人材の採用・育成、将来への投資が可能になります。これは経営において当たり前のことです。

　その中で、**利益に対してもっとも影響を与える要素が「売価」**です。価格設定こそがその企業の理念・方向性を表わしています。たかが数円の売価アップ、容量数グラムの削減が経営に影響を与えるのです。

　利益を上げる際に大切なことは、ずばり「**業界標準**」をやめること。たとえば、**パッケージと包装形態**です。「この包装は本当に必要なのかどうか？」「パッケージに顧客が本当に喜んでいるのか？」を考えていくことは大切なことです。

　これは、通販・直販の商品だけでなく、卸販売をしている商品も

同様です。市場やお客様が許す（売れる）ならば、極端な話、商品
売価は粗利90％でも構わないでしょう。

　商品開発したものが、他社と差別化ができている場合、売価設定
は、まずは強気でいきましょう。
「1商品あたりのグラム単価が日本一」というのもひとつの差別化
になります。グラム単価が高い商品をいかに説明して、必要な人に
売っていくのか、喜んでもらうか。これがメーカー・生産者の醍醐
味ではないでしょうか？

◆同じそばを売る場合の売価・容量・用途別の設定例

	通常パターン	新パターン	
容量	100g	80g	一人前の容量に変更
売価	120円	128円	売価の上限を考えて設定
値ごろ感	120円	120円	
粗利	50%	63%	13%アップ！
原価	60円	48円	
グラムあたり原価	0.6円	0.6円	

**「おいしくて価値がある!!」と自信があれば、既存商品の
リニューアルをしてでも適正売価にするべきです。**

未来が見えると若手も集まる。採用・育成でさらなる可能性が広がる

若手がいない、採用ができない企業には未来はありません。では、なぜ採用できないのでしょうか。地方だから、給与が安いから、製造・一次産業だから。そんな理由が思いつくかもしれませんが、実はそこが問題ではないのです。

　過去、たくさんの企業を見てきましたが、採用できない、育成できない企業の問題点は次の3つです。

❶ 経営者が若手にワクワクする未来を語れていない

❷ 3年後の若手自身の成長した姿を想像させていない

❸ 給与を大手企業並み、または、それ以上に支払えていない

　世の中の変化に対応しなくても、しばらくはまわせていけるし、機械を中心に製造しているので、人件費を抑えられる人材（外国人・シニア）を採用することを選択しているため、これらの問題に向き合っていないのが地方の食品メーカー・生産者の現状です。

　しかし、20代、30代がコンスタントに採用されておらず、しかも、

未来を描いて働いていない企業に5年、10年先の未来があるかというと、皆さんも答えはわかるのではないでしょうか。

　一方で、地方でも、毎年10名ほどの新卒が入ってくる農園や、商品開発のメンバーは30代中心という水産加工会社、若手の女性社員がメインで新規営業している菓子メーカーなどが存在しているのも事実です。

　若手が集まる企業がしていることは、まず会社が成長している、または、成長しそうなイメージを持たれていること。当たり前ですが、つぶれそうな会社に人材は来ません。

　特に今の若手は自分の成長にこだわります。そのため、ある技術を習得できる、経験ができるという環境が重要です。

　さらには、「きちんと生活できるのか？」「この先、家族を持っても大丈夫なのか？」という不安を打ち消さなければなりません。

　その不安は30代に近づくほど、顕著になります。しっかり真面目に働く人材には、十分な報酬を支払う必要があります。若手をほしがる企業は多く、好条件を提示する企業も増えています。目指すべきは、**業界最大手と同レベルの待遇**です。

　そのためには、数少ない日本の成長市場である通販モデルを導入し、営業利益を確保すること。若手に対して「うちは5年後、10年後はこうなる！」ということをいい続ける組織であるべきなのです。

直販体制により、プロとしての知識・顧客対応力、その分野の技術力をトップクラスに高める

もちろん、採用の強化だけでは優秀な人材・若手は定着しません。また、通販・直販ビジネスモデルは、各社員に対してプロであることを求めます。そうでなければ直販ビジネスは伸びません。なぜなら、通販・直販ビジネスは、製造業に加えて、小売業であり、サービス業でもあるので、それに対応した人材が必要になるのです。

通販・直販ビジネスにおいて、どんな人材が求められるかというと、自社の商品・サービスについて、

・お客様から質問があれば、的確に返答できること
・市場のニーズや求められていることを把握できること
・自分で売上をつくることができること

これらができるよう社員を教育しなければなりません。

今特に、求められているのは新規顧客（法人取引先）の獲得です。
もちろん、メーカーですから、技術力向上のため、工場と生産部門での経験は必要ですが、これからのメーカーに求められるのは、

「**考えてつくる・売る力**」です。

それも特に、新規業界、新規顧客に対してです。

若手の育成・社員のプロ意識を高めるのにもっとも効果的な方法は、**顧客とのやりとりを実際にさせること**です。つまり、実際に「売ってみる」ことです。

通販では、直接電話が入ることもあれば、メールでの問い合わせも来ます。もちろん、質問だけでなく、クレームも来ます。

毎日、同じ作業を繰り返し、机に座っているだけ、工場で作業しているだけで若手人材の時間を使うのは、会社にとっても本人にとってももったいないことです。

新規法人の問い合わせがあれば、素早く対応し、実際に営業に行く。個人客からの注文が入れば、商品説明をして売上をつくる。もちろん、不適切な対応をすれば、怒られるし、売上もつくれません。これらは大手メーカーや都市部の企業では経験することです。この当たり前の経験ができていないのが地方の食品メーカーの現状です。つまり、**通販・直販ビジネスの導入は、社員の育成＆プロ意識を育てるのにも有効**なのです。

この経験を踏むからこそ、世の中で自社の商品に求められていることを感じることができるようになり、商品開発の仕事にもいい循環が生まれます。社長や工場長よりも、若手の企画で商品を開発し、売ることが大切なのです。

営業利益を出すには、商品の粗利も大切ですが、各メンバーの成長も、重要な要素であることはいうまでもありません。

超一流の
「製造小売業」として
ゲームチェンジをする

直販比率が上がっていけば、小売業としての機能が強化されていきます。農業や生産者ならば、6次産業化（農業や水産業などの第一次産業が食品加工・流通販売にも経営展開していく多角的な経営形態）になります。目指す形は、「唯一無二の特定分野のトップ製造小売業」になることです。

　ここまで本書で解説してきたことを、徐々にでも確実に実施していけば、通販・直販で売上1億円前後、粗利の高い商品を開発でき、直接消費者に売ることにより企業価値を上げていくことができます。

　ポイントは、**地域性を最大限に活かし、通販などの直接販売比率を上げること**です。しばらくの間、このビジネスには追い風が吹いているでしょう。

ニッチ製造小売業が最強説

　ここで、通販・直販ビジネスのメリットをまとめてみます。

- ブランド価値を上げることができる（認知が広がる）
- 地方メーカー・生産者は、存在自体すでに希少価値がある
- 粗利が大きく、希少性の高い商品を販売することができる
- 直接販売なので、営業利益が高くなる
- 通販ビジネスは、成長市場である
- 専門性を活かすので、ニッチトップを狙いやすい
- 価格競争しなくてよい
- 若手が採用できる、育成できる

などなど、ほかにもたくさんあります。

このビジネスモデルは継続性も高く、世の中の時流を考えれば、長期的に中小メーカーが目指すべき企業形態のひとつになります。

地域の食材・人材を活かし、全国のニッチな顧客に直接お届けするこのビジネス。市場は成長途上であり、世界へ出ていく環境も整っています。

今、アメリカなどでも、製造小売業がひとつのブームです。特にネット通販などを活用した消費者へ直売する方法は「**DtoC**」（Direct to Consumer）と呼ばれ、後発の小さなメーカーが、最大シェアのメーカーを脅かすようになっています。

地方にあり、非効率な製造をしている中小食品メーカー・生産者だからこそ、大きく将来は開けているのです。ゲームチェンジの決断は、経営者の「あなた」しかできません。

おわりに

　本書をお読みいただき、日本の製造業、特に食品メーカー・生産者には、まだまだ大きな可能性があるということはわかっていただけたと思います。国内のみならず、海外での仕事も多い私は、日本の食品について高い評価を感じています。

　その割には、食品メーカー・生産者自体の自己評価が低い点が気になります。また、組織として高年齢化している点も懸念しています。

　その原因は、経営者が未来を見据えていないか、それを社員に説明をしていないからです。

　"ホラ"でもいいので、明るい未来を語る必要があります。私は創業する前から、メンバーには将来に向かったホラばかりついていますが、未来を伝えないよりも、数倍、社内は前向きになることを実感しています。

　ホラを吹くコツは、なんといっても、成長しているマーケットにチャレンジしていくことです。多少失敗しても、伸びているのでなんとかなるものです。また、少しだけでも成功したら、社員のモチベーションはどんどん上がっていきます。

　食品関連の「通販・直販」は、まだまだ伸びていくことがわかっています。今後、5年、10年は伸びていきます。少なくとも、今の市場規模から2倍になるでしょう。つまり、地方メーカー・生産者のチャンス到来です。本書の中のどのチャネルでもよいので、ぜ

ひ、チャレンジをしてください。今、アマゾンへの出品や直売所の設営などが、どんどん低コストで可能になっています。

　しかも、「**震災・天変地異・トラブルに強いのが通販・直販ビジネス**」ということも、これから先日本の予測不能な市場環境でも重要な保険になります。

　本書の制作中、新型コロナウィルスの感染が広がっていき、日本経済が冷え込むとニュースで伝えられていますが、通販・直販チャネルではアクセスが急増し、売上が伸びていっています。事実、東日本大震災をはじめ、毎年のように発生する異常気象などが起こるたびに、直販・通販で購入をする人が増えて、市場がその都度大きくなっています。通販・直販が時流に必要とされる販売チャネルであり、消費者にとって“インフラ”とも呼べるほど、必要不可欠なサービスになりつつあるのです。

　ゴールは、「通販・直販ビジネスで売上１億円以上！　直販比率50％以上！」これを達成できれば、企業の仕組みも利益も文化も変わるので、ぜひ、目指していきましょう！

　　　トゥルーコンサルティング株式会社　代表取締役　萱沼真吾

本書で解説した各チャネルの最新情報や資料を、読者限定でダウンロードできるページを特別にご用意しました。ぜひご活躍ください。

※特典の配布は予告なく終了する場合があるので、早期にダウンロードしておくことをおすすめします

執筆者

萱沼真吾（かやぬま　しんご）

トゥルーコンサルティング株式会社　代表取締役

元船井総合研究所の WEB グループのトップとして、通販・EC 事業の立ち上げ
と拡大を行なう。また、個人でもトップコンサルタントとして社内 No.1 の実
績を持つ。コンサルティングの特徴は、クライアントの長所を最大限に活かし、
その分野の商品・サービスでシェア No.1 の規模、海外チャネルで勝てる EC・
通販ビジネスに成長させること。2015 年 2 月 2 日、クライアント・関係会社
の支援によりトゥルーコンサルティング株式会社を設立、代表に就任。日本と
海外における EC 通販企業の最高のパートナーとして業界 No.1 企業を目指す。

西川正太可（にしかわ　まさたか）

トゥルーコンサルティング株式会社　執行役員

大谷雄太（おおたに　ゆうた）

トゥルーコンサルティング株式会社　執行役員

トゥルーコンサルティング株式会社

EC・通販のシェアトップ企業を創出するコンサルティング企業。地方の中小メーカーを対象に、ダイレクトマーケティングモデルを活用し、事業立ち上げ・高収益化を行ないながら日本トップ規模に拡大することを得意としている。
現在、トップシェアになったクライアント企業は 100 社以上あり、累計 1,000 件以上のコンサルティング案件の実績がある。
独立行政法人中小企業基盤整備機構の助成金審査や講師、業界紙への執筆・講師なども行ない、業界 No.1 のコンサルタントを輩出している。

ホームページ　https://www.top1-consulting.com/
越境 EC・海外 WEB.com　https://true-global-ec.com/
メール　info@true-con.com
TEL　03-3260-5011

地方・中小が圧倒的に有利！
食品企業の成功する通販・直販ビジネス

2020 年 4 月 28 日　初版発行
2023 年 1 月 10 日　2 刷発行

著　者 —— トゥルーコンサルティング株式会社

発行者 —— 中島豊彦

発行所 —— 同文舘出版株式会社

東京都千代田区神田神保町 1-41　〒 101-0051
電話　営業 03 (3294) 1801　編集 03 (3294) 1802
振替 00100-8-42935

©True Consulting　　　　　　　ISBN978-4-495-54046-3
印刷／製本：萩原印刷　　　　　Printed in Japan 2020